Rich致富302

就是要說服你

50個讓顧客乖乖聽話的科學方法

（暢銷紀念版）

Yes!：50 secrets from the science of persuasion

史帝夫．馬汀（Steve J. Martin）
諾亞．葛斯坦（Noah J. Goldstein）◎合著
羅伯特．喬汀尼（Robert B. Cialdini）

林宜萱◎譯

高寶書版集團

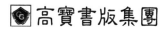

推薦序

一本快速增進說服功力的祕笈

世新大學口語傳播系教授　游梓翔

在我們四周，總可以見到一些擁有過人影響力的人。他們想推動某種建議或專案時，總是可以取得更多的幫手與支持。他們想賣出某項產品或服務時，總是能掌握與吸引更多的人氣與顧客。影響力像是一種神奇的魔術，抓住了人心、掌控了意志，令我們驚嘆與羨慕不已。

有關影響力的研究在學術界被稱為「說服」研究，探討如何取得他人的同意或引發他人的行動。這門學問對於從事行銷、宣導、服務、推銷、廣告、公關或任何經常需要取得他人同意的人可說極為重要。對這些人士而言，說服不只是一門學問，而是賴以維生的吃飯傢伙。

但是說服要怎麼學，影響力要如何養成呢？多數學校並沒有教。於是很多人求助於坊間眾多的自學書籍。其實這些書多數都出於說服界的老手，經常流於作者個人的經驗談。也有不少人試圖透過從事相關工作來體驗說服之道，不過循此途徑學習代價很高、時間很長，而且心得也頗受特定時空侷限。

如果你想以更快速更有效的方式掌握說服的祕訣，這本《就是要說服你》肯定是最佳選擇。本書出自當代全球最知名的說服學者——美國亞利桑納州立大學的喬汀尼（Robert B. Cialdini）以及與其多年合作的兩位同僚之手。其背後是研究說服的學術菁英多年來為說服揭密的豐沛研究成果。更重要的是三位作者除了極少數學術用語外，全書透過淺顯語言與眾多案例來呈現，使讀者不必苦讀學術文章，就能掌握說服的關鍵原則，以及在電子化、全球化的衝擊下，持續發揮影響力的訣竅。

在本書涵蓋的五十個說服原則中，有許多是與我們想當然耳的觀念不同，或是從來沒有想過的，這說明了知識可以更正與補充常識的不足。例如：

- 選擇越多，顧客反而越不想買（原則5）
- 便利貼是最能助長影響力的文具用品（原則10）
- 把目標寫下來就更能達成目標（原則17）
- 要你不喜歡的人幫你忙可以使他更喜歡你（原則19）
- 以「對」為師不如以「錯」為師更有說服力（原則27）
- 廣告中指出產品的小缺點可以使人更相信廣告（原則28）
- 姓名會影響職業（原則33）
- 最能強化說服力的字眼是「因為」（原則38）

以上所舉出的，只是《就是要說服你》列舉原則中很小的一部份。讀完全書，你將發現自己獲得的啟發遠遠超過本書篇幅給你的預期，你的說服內力將在吸收了這本祕笈後快速精進。不過如果你真的影響力大為提升，請記得多讀幾次本書最後一章，時刻提醒自己強大的能力勢必伴隨著很高的責任，請善用你的影響力吧。

國外專業推薦

「……本書確切地告訴我們如何讓別人說：『YES』。每個人都應該讀讀這本令人讚嘆的書。」

～史丹福大學商學院教授傑佛瑞．菲佛（Jeffrey Pfeffer）

「最棒的一本導引也是精華，教你如何改變人們的想法，包括你自己的。」

～暢銷書作家暨南加大商學院教授華倫．班尼斯（Warren Bennis）

「本書改變了我們看世界的方式。書中思維真的很讚，千萬不要錯過！」

～《時代雜誌》（*TIMES*）

「……本書告訴我們許多可以增強企業行銷策略的絕佳方式。」

～《出版人週刊》（*Publishers Weekly*）

「《就是要說服你》是我讀過的商業書裡頭的前十名好書。」

～暢銷書作家蓋伊．川崎（Guy Kawasaki）

「珍貴的新知識大發現，給予我們許多很棒的見解來探究顧客的購買行為。」

～英國航空機上雜誌（British Airways In Flight Magazine）

「用淺顯易懂的方式，說出了多數人沒有去察覺到的說服技巧，可協助企業瞭解市場，以及更有效率地面對顧客。」

～暢銷書作家喬恩．摩利（Joanne Morley）

「在今日世界裡，說服已經成為政府組織必要且重要的任務了，更凸顯了本書珍貴之處。」

～皇家藝術協會執行長馬修・泰勒（Matthew Taylor）

「很成功、實用又有科學根據的行銷實踐範本。如果你有商品、服務或點子需要行銷，本書的任何一個策略可以幫助你獲得成功。」

～MojoMom.com 創辦人艾咪・提曼（Amy Tiemann）

「實在難以形容這本書讓我大開眼界的感受，我等不及要試試書裡提到的建議。這本書真的很值得，我會推薦給每一個人。」

～Armageddon-Studios.com Video Game Developers 創辦人及總裁丹・普羅文斯（Dan Provence）

「這本書符合三大優點：第一流的研究、生動的文筆以及實用的建議。就請你讀它、享受它、使用它吧！」

～《*King Features*》專欄作家戴爾・道頓（Dale Dauten）

目錄｜CONTENTS

推薦序　一本快速增進說服功力的祕笈　游梓翔　002
國外專業推薦　005
前言　說服是一門科學，而非藝術　012
01 越不方便，越有說服力　019
02「西瓜偎大邊」效應　025
03 什麼樣的錯誤會讓說服大打折扣？　029
04 什麼樣的說服會招致「反效果」？　034
05 選擇越多，顧客越不想買！　038
06 不當贈品的「正品」該有的價值？　043
07 新產品為何比不上舊產品？　046
08 恐懼是一種說服力？還是麻痺劑？　049
09 從西洋棋得到的說服技巧　053
10 哪一種文具用品可以助長你的影響力？　059
11 多一顆薄荷糖的魅力？　062

12 互惠原則所產生的誘因 066
13 「恩惠」的保存期限有多長？ 070
14 門口的一小步，卻邁向成功的一大步 073
15 如何成為具有社會影響力的絕地大師？ 078
16 用對問句，影響效果就不同！ 081
17 讓承諾歷久不衰的重要元素？ 085
18 選對客群，妥善運用「一致性」的好處 089
19 富蘭克林教我們的說服訣竅 092
20 「小要求」如何創造大不同 096
21 為什麼起標價越低，成交價卻越高？ 099
22 要如何炫耀才不會被貼上「愛現」的標籤？ 103
23 聰明反而會被聰明誤？ 108
24 致命的「機長症候群」 113
25 三個臭皮匠，勝過諸葛亮？ 117
26 誰的說服力強？魔鬼使者還是真正的反對者？ 121

YES!

50 secrets from the science of persuasion

目錄｜CONTENTS

27 以「對」為師？還是以「錯」為師？ 124
28 化缺點為優點的最佳方法？ 127
29 哪種失誤能幫你招來更多的顧客？ 131
30 承認認錯也是一種說服的好方法？ 134
31 何時該為伺服器當機而開心？ 139
32 「相似性」如何創造出差異性？ 142
33 說服也有「姓名學」？ 145
34 那些服務生教我們的事情？ 151
35 微笑的說服威力 156
36 越稀有，就越有說服力 160
37 你可以從「失去」中「得到」什麼？ 165
38 強化說服力的神奇字眼 172
39 為什麼「列出所有理由」會變成一場災難？ 177
40 簡單就是力量 181
41 押韻也可以增加影響力！ 185

42 揮棒練習的說服啟示 190
43 「超前」心理學 193
44 從蠟筆學到的說服課 197
45 粉紅兔帶給我們的說服啟示 200
46 鏡子帶來的說服威力 206
47 悲傷會搞砸你的談判嗎？ 210
48 情緒如何發揮說服的效果？ 214
49 如何讓人們相信他們讀到的一切？ 217
50 擁有說服力的神奇飲料 221

後記 二十一世紀的影響力 224
後記 有道德的影響力 252

YES!

50 secrets from the science of persuasion

前言

說服是一門科學，而非藝術

如果世界是一個舞台，你只需要把台詞做一點改變，就會產生巨大的影響力。

喜劇演員亨利．揚曼（Henry Youngman）曾講過一則笑話：「這飯店實在太讚啦！毛巾又大又鬆軟，我的行李箱都快關不起來！」

不過，過去幾年來，關於「房客是否從房間帶走毛巾」的問題，已經被「是否要在住房期間重複使用毛巾」所取代。越來越多的飯店加入環保計畫，因此也有越來越多的旅客被要求重新使用毛巾，以協助保育資源、節省能源，減少清潔劑造成的污染。而多數飯店的做法都是把這一要求寫在卡片上，放在房間浴室裡。

這些卡片提供了相當值得注意的角度，讓我們一窺說服的神祕科學。

但是，在這張卡片上可用的角度跟情緒訴求都很少，究竟要放上哪些字眼，才能增加對房客的說服力？在提供答案之前（我們會在前兩章揭開謎底），讓我們先探討一下，目前設計卡片訊息的人都是如何鼓勵客人重複使用毛巾的。有項調查蒐集了全球各類飯店進行這類要求時所寫的十幾種訊息，發現這些卡片一面倒的將焦點放在「環境保護的重要性」之上，藉此鼓勵房客重複使用毛巾。卡片上會說明，重複使用毛巾可以保護自然資源，使我們的環境免於被進一步的消耗及斷絕，而文字旁邊通常還會加上一些引人注意的環境相關圖片，比方說彩虹、雨滴、雨林等，甚至還有馴鹿。

這樣的說服策略看來似乎是有效的。某一大型飯店業者曾表示，大部份的顧客被告知如是的訊息時，在住房期間的確會重複使用毛巾至少一次。看來，由這些卡片產生的參與度是非常驚人的。不過，社會心理學家總是想要設法應用自己的科學知識，看看能不能讓政策或做法更有效。就像路邊的招牌上，標示著「請在此刊登你的廣告」的看板一樣，這些小小的「重複使用毛巾」卡片就像是在對著我們說：「在此刊登新點子」。因此，我們真的這麼做了。而且也從結果中發現，只要把要求的內容稍做改變，重複使用毛巾的效果還會再提高許多，更詳細的狀況請參酌第一、二章。

當然，如何精準地強化這類環保計畫的有效性，只是單一個案。如果把角度擴大，我們可以說，所有的說服力都可以透過科學的驗證而得到強化。如同本書所介紹的，只要將訊息做一些微小且容易的改變，就可以讓訊息變得更有說服力。我們會在本書中介紹幾十個研究，有些是我們親身進行的研究，有些則是引用其他科學家的研究。這些研究在各式各樣的情境中，證明了上述論點。書中除了介紹研究內容以外，也會說明背後的原則，讓讀者更清楚瞭解，我們**可以如何影響他人，促使他們改變態度或行為，達成對雙方都有利的正面結果**。除了說明各種有效且道德的說服策略外，我們也會說明需要注意的事項，協助讀者抗拒決策過程中微妙又明顯的影響力。

重要的是，我們不仰賴大眾心理學或是老生常談的「個人經驗」，而是探討成功的社會影響策略背後的心理學，並以嚴謹的科學證據支持這些論點。在書中會探討許多令人困惑的神祕現象，並透過社會心理學來解釋。比方說，教宗辭世的新聞為什麼會引發大批人潮湧向幾千哩遠的店，購買一些跟教宗、梵蒂岡或天主教會無關的物品？辦公用品又是如何提升你說服他人的行動效能？還有，星際大戰裡的路克天行者，給了我們什麼領導啟示？溝通者有哪些常見錯誤，會引發訊息發生「反說服」？如何將你的劣勢轉變成為具有說服力的優勢？為什麼認為自己，或被他人認定是專家是件危險的事等。

在過去五十多年來，說服已經被科學化地進行研究，只不過，說服的研究彷彿仍是一門祕密科學，很少出現在學術期刊上。由於在這一主題上已經有相當多的研究，我們最好能思索一下，為什麼這一門研究常會被忽略。人們在面對如何影響他人的抉擇時，通常會以經濟、政治科學或公共政策等領域的思維來作為決策基礎，這一點並不令人意外。不過，令人費解的是：決策者經常不會考慮心理學領域的立論及專業。

對此的一種解釋是，關於經濟、政治科學及公共政策等領域，人們認為自己需要透過學習才能達到最低程度的能力。但是，人們相信透過與他人的互動及自己對生活的瞭解，就足以對心理學有直覺式的體認。因此，在做決策時也就比較不會學習或參考心理學的研究。這種過度自信使得人們錯失了影響他人的機會，更糟的是，如果誤用了心理學，反而會對自己或他人造成傷害。

除了過度依賴個人經驗之外，大家也可能過度仰賴自我反思。比方說，為什麼設計「重複使用毛巾」口號的人員，會完全將焦點放在環保上面？他們可能都是自問以下的問題：「如果是我的話，要用什麼方式才能鼓勵我重複使用毛巾？」在檢視自己的動機後發現，最能貼近個人價值及認同的「環保」口號會最有效果。但是，用這種自問自答的方式卻無法發現，只要稍微更改幾個字，就可以讓毛巾的重複使用率大幅提高。

說服是一門科學，雖然它常被視為一種藝術，但這個論點是錯誤的。舉例來說，才華洋溢的藝術家可以接受指導，來強化天生的能力；但真正頂尖藝術家所仰賴的才華跟創意，是無法由透過另一人的指導學習而來。還好，說服並不是這種情況。即使是自認自己說服力薄弱的人（例如：連哄騙小孩玩玩具都無法成功）也可以透過對說服心理的掌握，以及使用科學實證有效的說服策略，成為說服的重量級人物。

無論你是經理、律師、醫護人員、決策者、服務生、業務員、老師或其他完全不同的職業，本書的技巧可以協助你成為說服大師。書中某些技巧是以作者之一的羅伯特・塞迪尼在《透視影響力》（*Influence: Science and Practice*）書中提到的社會影響六大通用影響為基礎，這六項分別為：互惠（我們會覺得應該要對接收到的好處做出回報）、權威（我們仰賴專家為我們指出一條明路）、承諾／一致性（我們想要做出跟承諾及價值一致的行動）、稀有性（資源越少，就越想得到）、好感（我們越喜歡某人，就越想答應他的要求）以及社會證明（我們常會看別人怎麼做，以此作為自己行為的指導方向）我們會討論這六項原則的意義，並詳細說明其操作方式；但並不以此為限。雖然這六項原則可以輔證大多數成功的社會影響策略，但還有另外一些說服技巧是以其他心理因素為基礎的，我們也會在本書中介紹說明。此外，我們會說明書中策略在各種不同情境下的使用，應用的焦點不只在職場，也包括你個人的互動，例如：扮演父母、鄰居朋友時會遇到的種種情境。這些建議會非常實用且行動導向，不但符合道德，同時也易於遵循，你只需要多花一點的努力或成本，就可以得到相當大的回報。

最後，再次借用亨利・揚曼的台詞，希望各位在讀完本書時，也可以讓你的說服工具箱裡充滿許多經過實證的社會影響策略，讓你的說服工具箱也「幾乎快關不上」！

01 越不方便，越有說服力

在今日不斷成長的電視頻道，有越來越多的廠商自掏腰包製作節目，以「資訊式廣告」的形式出現。柯琳．索特（Colleen Szot）是這類節目的傑出撰稿人之一。她不但寫了美國好幾個最有名的資訊式廣告，最近還寫了一個節目，粉碎了電視購物頻道近二十年來的銷售記錄。她的節目其實和其他大多數的資訊式廣告很像，也有著同樣地元素，例如：誇張的促銷口號、熱情試用的顧客，以及邀請名人來背書等。雖然如此，她卻悄悄地做了一些改變，即在標準的資訊式廣告台詞中改了幾個字，結果讓購買商品的人暴增。值得注意的是，這幾個字可是清楚告訴潛在顧客，訂購這項商品的流程可能有點麻煩。她究竟改了哪些字？為什麼能創造出令人驚嘆的銷售數字？

原來，柯琳將大家所熟悉的台詞「服務人員正在等候您的電話，現在就打進來訂購吧！」改為「如果電話忙線中，請稍後再撥！」表面上看來，這樣的改變是魯莽的，畢竟，這像是暗示潛在顧客可能得浪費時間不斷重撥，才能接通電話完成訂購。不過，這樣的想法忽略了「社會證明」（social proof）的威力。簡單來說，當人們對於某個行動不太確定時，通常會先瞭解周遭其他人是怎麼做的，以此作為自己的行動參考。在柯琳的例子裡，想想看，當你聽到「服務人員正在等候您的來電」時，腦海裡是不是可能產生這樣的圖像：一群無聊的員工修著指甲或剪著折價券，十分無聊地等著電話響起。這樣的圖像暗示著顧客對商品的需求很低、銷售情況很糟。

現在，再想想你聽到「如果電話忙線中，請稍後再撥」這句話時，是否對於這項商品的熱門程度會有不同的看法。此時你腦海裡浮現的不會是一群無聊的電話客服人員，而是他們不停忙著接電話，接完一通又一通，根本沒空休息的熱絡景象。於這個例子當中，在家裡看電視的觀眾依循他們對於其他人行動的認知，即使他們完全不知道那些人是誰。畢竟，「如果電話忙線中，就表示跟我一樣在看這節目的其他人，都急忙打電話訂購」。

許多關於社會心理學的經典研究都顯示了「社會證據」在影響他人行動上的強大威力。我們舉其中一個例子，研究科學家米格蘭（Stanley Milgram）與同事進行一項實驗，請一位研究助理在熙來攘往的紐約街道停下來，仰望天空六十秒。大部份經過的行人只是走過他的身邊，連看他一眼都沒有。不過，當研究人員把「仰望天空」的人數增加到五人時，加入他們行列的路人會增加到四倍以上。

「他人行為」是社會影響的有力來源，這一點沒有太多懷疑。有趣的地方在於，當我們詢問參與研究的人們，其他人的行為是否會對他們造成影響時，他們堅決認為不會。關於這一點，實驗社會心理學家非常清楚，人們在「找出影響自己行為的因素」上，能力非常的差。或許，這可以稍微解釋那些設計「鼓勵房客重複使用毛巾」標語的人，為什麼沒有想過要運用「社會證明」來協助他們達成更好的成效。他們可能只是自問：「什麼樣的訴求會打動自己？」而低估了其他人對自己行為可能產生的實際影響。結果，他們將所有的注意力放在「重複使用毛巾將可以對保護環境有所貢獻」，這個訴求看來（至少在表面上看來）是跟期望發生的行為最有關連的。

曾經有個研究發現，大多數看到「請重複使用毛巾」標語的房客，通常都會在住房期間或多或少地重複使用毛巾。如果我們只是單純告知這個事實呢？這樣對他們的重複使用率會不會有改變？我們找了三個人開始測試，如果將卡片改成上述的方式，會不會比目前普遍採用的標語更有說服力。

為了進行這項研究，我們設計了兩種標語，請飯店經理協助將這些卡片放到客房中。其中一個卡片標語就是目前多數飯店採用的「環境保護」訴求，要求房客協助保護環境，參與「重複使用毛巾」活動以顯示他們對大自然的尊重。第二種卡片標語運用的是「社會證明」式的資訊，誠實地告知，「絕大部分的旅客，在住房期間至少會重複使用毛巾一次」。接著，將卡片隨機置放到的不同房間。

一般來說，實驗社會心理學家都會非常幸運地擁有一群熱忱的研究助理，協助蒐集資料。但是，在這個案例中，相信不管是研究助理或是房客都不會樂意有人溜進你的浴室來蒐集研究資料，我們的道德委員會當然也不會允許這樣做（當然，我們的母親也不會允許的）。幸運的是，飯店的清潔人員慷慨地答應幫我們蒐集這些資料。在每天清理客房時，記錄該房客使用毛巾的狀況。

在分析資料時發現，知道其他房客也都重複使用毛巾的人（「社會證明」訴求），也就是目前沒有任何一家飯店使用的標語訴求，與傳統的「環保訴求」相比，重複使用率多出了二六％。而我們只不過是改變了卡片上的幾個字，說明其他人是怎麼做的，如此而已。就一個被人們認定為「對自己完全沒有影響」的因素而言，這樣的改善不算太差。

我們可以由這些資訊中發現，如果留意社會證明的威力，將可以為你的說服力加分不少。當然，溝通這一訊息的方式也是很重要的。溝通對象不太可能會對這樣的說明有正面回應：「嘿！老兄，當頭羊加入羊群裡吧！」但如果是，「請和其他人一樣，加入協助拯救環境的行列吧！」比較容易獲得正面迴響。

除了公共政策的影響之外，社會證明也會對你的職場生活有很大的影響。在推銷暢銷商品時，可以用令人印象深刻的統計數字來說明受歡迎的程度（麥當勞的標語就說「我們服務過的顧客有好幾兆！」）此外，最好能邀請滿意的顧客來證言。尤其當你要對潛在顧客說明自己的組織可以提供哪些利益時，強調這些證言就變得很重要了。更好的做法是創造一個情境，讓現有顧客有機會提供第一手的證言給潛在顧客，說明對你及你的公司滿意程度。要做到這一點，方法之一就是邀請現有顧客、潛在顧客一起共進午餐或研討會，安排鄰近的座位，讓他們很容易交流。在這種環境裡，他們很可能會自然地激發出有利於你和你的組織合作的對話。

最後，如果你安排的午餐約會需要潛在顧客回覆是否願意參加，而他們如果回應會再來電確認時，請記得一定要告訴他：「如果我的電話忙線中，請稍後再撥！」

02 「西瓜偎大邊」效應

前述的「社會證明」訊息大幅提高了房客重複使用毛巾的比例，成效要比一般業界標準用語要高出許多。由此，我們知道人們會遵循他人的行為，但此一發現卻又發展出另一個問題：「人們最可能遵循誰的行為？」

例如：如果我們透露前房客的行為，會不會比整體飯店房客的行為更有說服力？答案應該是否定的。事實上，強調特定房間的過去做法並不合理，原因有二。第一，單純由邏輯的觀點來看，你可能不會對前任房客有特別正面的看法，因為比起飯店其他房客，前任房客正是降低你房間及設備品質的人（他們在你之前使用了這些設備）。第二，我們沒有理由相信前任房客會比隔壁房客更有說服力。不過，如前所述，許多心理學的研究結果都呈現，人們在判斷是何因素驅使自己做出某類行為時，總是猜錯答案。

回想一下，我們在飯店研究中使用的社會證明訊息讓顧客知道，過去曾住過同一家飯店的大多數房客，在住房期間都會重複使用毛巾至少一次。現在，我們決定將「認知到的相似性」做進一步的研究，由同一房間的前任房客溝通重複使用毛巾的「社會證明」訊息。因此，除了標準的環境保護訴求及前一研究中使用的社會證明訊息之外，我們又做了另一種標語，向某些顧客說明過去同樣使用這一房間的房客，大多都會重複使用毛巾。

由回收的資料中可以發現，知道之前房客多半重複使用毛巾的房客，比飯店普遍使用的環保訴求更願意重複使用毛巾，比例高出三三％。這結果暗示一種訊息：如果亨利．楊曼在浴室看到一張卡片，上面寫著住在該房間裡的顧客，從來沒有人會把毛巾偷走，那麼他的行李箱可能就不會關不上啦！但是，這背後的道理是什麼呢？

對我們而言，遵循某個符合特定環境、狀況或情境裡的相關行為準則，通常比較有利。舉例來說，在公共圖書館裡，你應該會跟其他人的一樣，安靜地瀏覽著書籍，和朋友輕聲交談。我們在先前曾描述了證言的重要性，它可以將他人的看法轉向對你有利的方向。這一實驗的結果暗示，對新的目標顧客而言，提供證言的人跟他越相似，該訊息的說服力就越大。因此，當你在決定要向準顧客呈現哪個證言時，應該要先拋開自己的立場。你不能選擇自己最引以為傲的顧客，而應該選擇與準顧客狀況最接近的一個。比方說，如果學校老師想要說服某個學生更常來上課，他在蒐集「常上課的好處」證言時，就不應該拿資優學生的證言，而應該找與該名學生狀況更為類似的人。

又好比，如果要對當地美容沙龍連鎖的老闆銷售軟體，比較有影響力的應該是，另一個運用你軟體，而且很滿意的沙龍店老闆，而非像英國航空這種大顧客的證言。畢竟，顧客心裡可能會想：「如果跟我類似的人都可以由這個商品得到好處，那麼這對我來說應該也是對的商品吧。」

如果你是領導者或經理，嘗試要說服員工接受你的新系統，你應該尋找同部門內已經同意進行系統轉換的其他同仁，請他們提供證言。如果你這樣做了之後，還有一個員工頑固地不願改變、未能被你說服成功呢？（例如：使用舊系統最久的人）在這樣的狀況下，經理人常犯的錯誤就是選擇最辯才無礙的同仁，向這位頑固的同事解釋新系統的種種好處，但這兩人可能在許多重要面向上都是完全不同的。此時，經理人最好能請跟此人較為相似的同仁（或許是另一個也使用舊系統很久的人），即使此人比較沒辦法清楚解釋，或不是最受歡迎的也沒有關係。

03 什麼樣的錯誤會讓說服大打折扣？

廣告的設計通常是要推動商品，而非人。但是在一九七〇年代早期，美國Keep America Beautiful組織創造了一個非常動人的廣告，被許多人認定為有史以來最有效的公共服務宣告。目的是要為電視節目挹注道德感：廣告中的主角是一位美國原住民，他看到環境遭受到嚴重的污染，因而流下一滴眼淚——一滴強而有力的眼淚。多年後，該組織再度請出這位老朋友拍攝廣告，一開始時，鏡頭拍攝了許多人在巴士站牌前等車，做著一般的日常生活行為，例如：喝咖啡、看報紙及抽煙。巴士到站時，他們通通上了車，接著鏡頭再轉回剛剛那個等車區，空盪的巴士站地上滿是紙杯、報紙跟煙蒂。接著，鏡頭由右轉向左，慢慢地拉近停留在巴士站張貼的海報。海報上，美國原住民俯瞰了剛剛的這一幕，眼中泛有一滴眼淚。鏡頭慢慢淡出，螢幕上出現一行字：大家的輕忽，讓環境再度受到污染。

這則廣告想要透過這樣的詞句跟情境，傳遞什麼樣的訊息？告訴觀眾，儘管丟垃圾是不被認同的行為，但許多人還是照作不誤。在廣告中表達對於這種行為的強烈不認同，一定會有其效果，但傳遞「這是常見的做法」，則是對該行為提供了更強烈的「社會證明」。因為「社會證明」原則說明了人們傾向於遵循大多數人的行為方式，這有可能產生有益的效果，當然也可能造成反面的效果。

在我們的日常生活中，這類的例子相當多。健康醫療中心與醫院在候診區的牆上貼海報，試圖告訴那些預約掛號卻沒有出現的病人，卻發現缺席率越來越高。政治人物誤解了他們的影響力，大肆譴責選民的冷漠，結果反而使更多人不去投票。

造訪亞利桑納州石化林國家公園的遊客，會從公園告示上知道，這座公園正受到嚴重威脅，因為有太多的遊客會從地上帶走一片樹木化石做紀念。公園裡的標示上寫著：「這裡每年會遺失十四噸的樹木化石，雖然每次只是遺失一小片，但這一小片累積起來，已經使得珍貴的國家遺產每天都消失一點。」

這些例子的確反應了事實，也很明顯是出於善意，但規劃這些廣告或標示的人忽略了一點：使用負面的社會證明當作標語，可能會在不經意間，將溝通對象的焦點引導到這種行為的「普遍性」，而非對於這種行為的「不認同」。事實上，我們是從之前一位研究生的口中得知石化林的偷竊問題如此嚴重。這位研究生跟未婚妻一同到石化林國家公園旅行，據他而言，他的未婚妻是一位很誠實的人，連借個迴紋針都會還。但他們看到公園的告示，提醒遊客不要偷樹木化石，就在他還在閱讀告示牌時，卻驚訝地發現他那嚴謹守法的未婚妻輕輕用手肘推他，低聲地說：「我們最好趁現在趕快撿一片回家。」

為了測驗負面社會證明訊息所扮演的角色（並且看我們是否能設計一個更有效的訊息），我們其中一位作者與其他行為科學家團隊，設計了兩個阻止遊客偷化石的標誌。負面的社會證明標語說明有許多人偷樹木：「過去許多遊客都從公園帶走樹木化石，使得石化林公園的自然景致大受影響」，並輔以「好幾個遊客在撿拾化石」的圖像。第二個標誌則沒有傳遞負面的社會證明訊息，只是簡單地陳述偷樹木的行為是不恰當、也不被允許的：「請不要帶走公園裡的樹木化石，一同協助維護石化林的自然景觀。」文字旁呈現的圖像則是在紅色圓圈中置入「一個遊客撿化石」的畫面，並在他的手上打了叉，即是我們常見的「禁止」類標誌。另外，我們又設計了一個控制組，沒有放置任何標誌。

在遊客不知情的狀況下，我們將標有記號的樹木化石放在走道上，並且確認將標誌置放在每一走道的入口處。透過這樣的程序，我們可以觀察不同的標誌對偷竊行為的影響。

我們的實驗結果可能會讓公園管理階層驚嚇不已：在沒有任何標誌的控制組中，有二・九二%的化石被偷，而負面的社會證明訊息偷竊率高達七・九二%，幾乎變成三倍之多。這根本不是防止犯罪的策略，而是鼓勵大家犯罪。相反地，另一個訊息，僅單純要求遊客不要偷樹木的控制組，偷竊率就更低一些，為一・六七%。這些結果證明了一點：當社會證明指出某個不良行為的出現頻率非常高時，公開說明這一資訊反而會引發意想不到的損害。因此，在這種狀況下，溝通人員不應該傳遞負面社會證明的訊息，應將目標溝通對象的焦點引導到「應該或不應該」出現某一行為。或者，如果狀況允許，也可以將焦點放在所有做出正面行為的人之上，要做到這一點，可能只需要重新組合統計數字就可以了。比方說，雖然公園裡每年有十四噸的樹木化石被竊，但真正的小偷人數是很少的，僅占了總遊客人數的二・九二％，相較之下，絕大多數的遊客還是非常尊重公園的規定，也盡自己的本份保護這一自然資源。

那麼，這對於增強你的說服力有何啟示呢？假設你是一位經理，發現參加月會的人數下降了。此時你不宜喚起大家的注意，讓焦點變成「有許多人缺席」，相反地，除了表達不認同之外，也應該要指出「缺席者僅占少數」的事實，因此，你必須要指出有多高比例的同仁都出席了。同樣地，企業領導者應該要公布已經在平日工作中融入新做法、新系統或新顧客服務計畫的部門、員工及同事人數，而不是抱怨那些沒有參與新做法的人。藉此，你可以確保讓社會證明發揮正面威力，避免溝通的訊息產生反效果。

04 什麼樣的說服會招致「反效果」？

石化林公園的研究讓我們清楚瞭解到，人們天生會傾向於做其他大部份人都在做的事情，即使那一行為是社會所不允許的。因此，我們試著重新架構訊息，將焦點鎖定在我們覺得所有人們都應該有的行為舉止表現上。可惜的是，並非在所有的狀況下都能做到這一點，如果是這樣的話，說服者又該怎麼辦呢？

首先，我們在加州取得大約加州三百戶人家的同意，記錄他們每週使用水電的情形，並請研究助理到參與研究的住家查看電表，取得他們的每週用電度數。之後，我們會在每一家前門掛上一張小卡，告知該戶的水電消耗情形跟這一帶平均值的比較。當然，有一半的住戶所消耗的會高於平均，有一半會低於平均值。

研究發現，在接下來的幾週裡，原本數字比平均值高的住戶降低了五．七％。這一點並不令人意外，有趣的是後面這一項：原本數字比鄰居平均值低的家庭，則是增加了八．六％的消耗率。這些結果顯示，大多數人的行為就是所謂的「磁性中間值」（magnetic middle），偏離平均值的人站傾向於往中間靠攏，他們會改變自己的行為，以便與大多數的人站在同一陣線，不管之前自己的表現是否為符合社會期待的行為。

那麼，當人們已經表現出符合社會期待的行為時，結果卻發現自己的行為跟其他大多數人不同時，該如何避免反效果的出現？或許可以使用一個小徽章，代表社會對他們行為的肯定，這不但訴諸該表現符合社會期待，也可以用提升自我的方式提供正面的增強效果。但我們應該使用什麼樣的象徵？一個大拇指的形象？還是一個真正的認可戳章？

或許可以來個簡單的笑臉來做代表。為了測試這個想法，我們在研究加入另一個實驗條件。在卡片上，我們除了呈現相關資訊外，還會多加一個笑臉☺（低於平均值）或是苦瓜臉☹（高於平均值）。結果顯示，增加一個苦瓜臉並不會造成太大的差別，因為那些原本用電量高於平均值的家庭，不管卡片上有沒有苦瓜臉，都會因為得知平均值而降低五％的消耗量。不過，增加笑臉的卡片所呈現的結果非常驚人：在沒有笑臉的狀況下，他們的消耗量會增加八．六％，因為得知自己低於平均值，而增加用電量；但是加上了笑臉後，他們的用電量會繼續維持在提供資訊前的水準。

這個研究結果展現了社會規範吸引人們朝向它前進的磁吸威力，此外也讓我們知道，要如何減低對認可行為的訊息發生反效果的可能性。

我們再舉另外一個例子，假設某一大型企業公告員工上班的平均時間比規定晚了五．三％後，很快地就會發現，過去遲到時間比平均時間還長的員工，會設法調整自己的行為，讓自己跟大多數的人一樣。只不過，平常比較早到的員工，也會跟著調整自己的上班時間到平均值上，也就是比之前晚到。理想的狀況是，在公布該數據時，馬上表揚那些早到或是準時上班的同仁，增加原有的正面行為，同時明確表達公司對於他們準時上班的高度肯定。

在公共服務領域的人們也應該要考慮這一影響。比方說，如果上課的缺席率升高，教育人員應該要公開宣稱的訊息是：大多數的家長都相當注意子女是否持續到校上課，並對此表達高度肯定，同時也要對少部份未讓子女持續上學的家長表示不認同。

05 選擇越多，顧客越不想買！

在美國，許多社會新鮮人或是剛換新工作的人們，一到新公司就會被許多新進人員應填寫的資料表所淹沒，其中一個就是問及是否加入退休計畫，即是將部份的薪資提撥，累積到退休時提領。當我們決定加入時，就可以從眾多退休金方案中選擇一項適合投保的。而且，加入這類的計畫有相當多的好處，包括可以稅賦優勢以及享有公司相對提撥，不過為何還是有很多人沒能善用這一計畫。為什麼呢？有沒有可能是因為組織提供了太多的選項，反而讓員工無所適從，甚至於不想參加呢？

行為科學家伊安格（Sheena Iyengar）的確這麼認為。她跟幾位同事分析許多公司的退休計畫，涵蓋的員工總數將近八十萬名，由此尋找加入計畫的比例是否會跟公司提供的選項有某種函數關係。他們的確找到了！研究結果顯示，公司提供的選項越多，員工完全不參加的比例就越高。公司每多提供十個選項給員工，員工加入的比例就會下降近二%。我們舉出該結果的一項比較數字，當公司只有提供兩種選項時，參與的比例約為七五%；但如果提供了五十九種選項，參與比例降到大約六〇%。

伊安格及社會科學家雷普（Mark Lepper）進一步檢視「提供太多選項」的損害效果是否存在於其他領域，例如：食物。他們在某一高檔超市設了臨時櫃位，路過的顧客可以嘗試某一製造商生產的各式果醬。研究人員在過程中改變提供果醬口味的數量，讓攤位上保持六種或二十四種口味的果醬。結果顯示兩者明顯且驚人的差異：在接觸到多樣選擇（二十四種）的顧客中，只有三%購買了果醬，但在有限選擇（六種）下的顧客，則有三〇%購買了果醬。

造成業績相差十倍的因素是什麼？研究人員認為，當消費者面對過多選項時，可能會覺得決策過程讓他們很困擾，因為多了一個負擔，也就等於要花時間去想在這麼多選項中，哪一個口味是自己最想吃的，想著想著行動力和興致就跟著下降，接著就選擇放棄。同樣地邏輯也適用在退休計畫上。

然而，這是否代表提供眾多變數及選項都是不好的呢？在回答這個問題之前，我們先看看溫哥華最受知名的糖果店 La Casa Gelato 的例子。這家店裡供應各種口味的低脂牛奶冰淇淋、傳統冰淇淋以及水果雪泥，幾乎所有想得到的口味全數都有，你想像不到的口味也有。這家店在一九八二年開始時，是在溫哥華商業區的一家運動及比薩酒吧，現在已經轉型成為老闆米希歐（Vince Misceo）口中的「冰淇淋樂園」。消費者走進店裡，會看到一長串的選擇，這裡有近兩百種口味可供選擇，包括：野生蘆筍、無花果與杏仁、陳年甜醋、墨西哥辣椒、大蒜、迷迭香、蒲公英、咖哩等。

但請回想一下之前的研究發現，米希歐以及他的冰淇淋店提供這麼多的選擇，是否是錯誤策略呢？該店的老闆明顯地相信「提供更多選擇可以帶來更多的生意」，由冰淇淋店生意興隆的現象看來，他的哲學或許是對的。

其一，口味的超級多樣性為他的生意創造了極佳的宣傳效果，因為超級多樣的選擇已經成了該品牌的獨特商標。第二，他的顧客大多數看來都真正嚐到（吃到也感受到）所選擇口味，最終選出想要嘗試口味的流程。第三，如果顧客已經明確知道自己想要什麼，只是想找一家能夠提供該樣商品的店，那麼，提供最多樣的選項將會有很大的助益。

說真的，很少有顧客會因為商品或服務有極多選擇而流口水，比較常出現的狀況是：潛在顧客不知道自己到底要什麼，要等到研究過所有選項後，才釐清需求。對大部份的企業來說，這代表的是：公司想要用大量且消費者不必要的選項來攻占市場，對業績只會有減無增，更別提會有利潤可言。在這樣的狀況下，企業應該要檢視自己的商品線，刪減多餘或不受歡迎的項目，藉此強化顧客購買商品或服務的動機。

近年來，許多消費性商品的製造商也開始對商品選項進行合理化檢視，不過有時卻是因為給予顧客過多的選擇，反而招致顧客的「背叛」。舉例來說，寶鹼（P&G）提供各式各樣多元化的商品，洗衣粉到處方藥都有，為了改善商品選項的選擇，他們將內部最受歡迎的洗髮精「海倫仙度絲」的選項，從二十六種刪減到十五種，一般人都以為業績會大減，但卻出乎意料地增加了一成。

知道怎麼一回事了嗎？想想看你所處的企業，是否在某一商品上提供了相當多的選項，或許你可以好好地思考一下，是否要減少一些項目，進而創造留下來商品的最大利益。這點在顧客不確定他們想要什麼時，這一點尤其真實。當然，提供少一點選項還有其他好處，例如：減少原物料成本或是降低庫存等。建議你檢視一下貴公司商品的廣度，再問問自己：「我們的顧客是不是大多數會對於自己的需求感到茫然，使得在面對眾多的選項時感到厭倦不已，導致他們乾脆作罷，或是尋找其他的替代方案？」

值得一提的是，這項研究也可以運用到家庭生活上，試著讓孩子選擇要讀哪一本書或是晚餐想要吃什麼。切記！選項千萬不要太多。

06 不當贈品的「正品」該有的價值？

原子筆、化妝品、小香水、計算機，幫忙顧客換機油等，這些都是常見的免費贈品和服務，尤其當你的角色是顧客的時候，是否曾經被這些小東西給吸引住。的確，有時候這些小小的禮物可能就是你選擇該公司而非競爭對手的主因。但是，如果人人都喜歡贈品的話，為什麼還是會有反效果的狀況發生呢？

社會科學家拉必爾（Priya Raghubir）認為，如果消費者購買某項商品時附有贈品，當此贈品成為單獨商品時，被認知的價值跟渴望度都會急遽下降。她認為這有可能發生，因為消費者可能會推斷商品製造商，不可能會免費提供某個非常有價值的商品。事實上，就消費者心理而言，反而會在心裡產生疑問，並認為：「這東西是不是有什麼問題？」甚至可能會自行假設，這項免費的贈品應該是快過期的、賣不出去的，或是產量太多的，廠商根本就是故意使出贈品的噱頭來出清存貨。

為了驗證這個想法（當某個商品被當作贈品時，其價值會大幅下降），拉必爾請參與實驗的人觀看免稅店的型錄，其中銷售的主商品是酒類（目標商品），並搭配珍珠項鍊作為贈品。他們要求其中一組受訪者評估他們以免費贈品形式呈現的珍珠項鍊價值，以及自己渴望的程度。另外一組受訪者則預估珍珠項鍊這一商品的價值（非以贈品形式出現）。實驗結果驗證了前面的假設：人們看到珍珠項鍊被當作是目標商品的附屬贈品時，願意付出的價格比單獨看到珍珠項鍊所願意付出的價格少了三五％。

這個發現充分顯示一件事，企業把平常單獨銷售的東西拿來當作贈品的負面效果。拉必爾建議，為了避免讓我們提供的服務或商品發生反效果，應該要告知或提醒顧客，該贈品的真實價值。比方說，軟體公司開發新業務的方法之一，就是提供新顧客免費的軟體，假設是防毒軟體好了，如果你在廣告及郵件中要提供這一免費商品，但沒有指出「如果自己購買這項商品要花多少錢」，你就是沒有將贈品定位在一個有價值、有意義的商品。畢竟，如果你寫下「免費」兩字，以數字表示就是「零元」，你絕對不會想讓潛在顧客認為你的商品價值是這個數字吧？為了確保你的贈品能被認可，並保障本身的價值，你必須要讓顧客清楚知道該贈品的價值。因此，不要再用「免費試用防毒軟體」當作贈品文案，而是要改為「現在，您不用花一毛錢，就可以得到價值新台幣一千九百九十九元的防毒軟體！」

為你提供的行動賦予價值，並不只適用在企業，也可以用來影響人際溝通。你可以向同事指出，你很樂意加班一小時來協助他完成一份重要的提案，因為你知道這對他的潛在顧客意義重大。為你的時間賦予價值，也就是讓同事認定你的時間價值，經過證明，這樣的策略會比什麼都不說來得有影響力。

同樣地，如果你是學校董事，學校正在推行一個免費的課後輔導計畫，你應該要在與家長溝通時指出，假設他們選擇將小孩送到私立的課後輔導機構，將要花費多少錢。藉此，你不但為自己提供的服務或商品創造出價值，也可以藉此增加參與輔導的人數。

這些發現不只可以應用在企業及公共服務領域，也適用在家庭。

07 新產品為何比不上舊產品？

幾年前，美國廚具零售店 William-Sonoma 推出一款新型麵包機，功能比之前推出的暢銷機種還要優越許多。不過，當他們將這項新商品納入商品線時，舊型麵包機銷量卻大幅成長了一倍。為何會如此呢？

根據學者賽門森（Itamar Simonson）的研究，當消費者鎖定某類商品時，在面對眾多選項後，最後會選擇「折衷選項」，也就是介於「滿足最起碼的需要」跟「可以負擔的最高金額」之間的方案。當購物者必須要在兩種商品之間做出決定時，他們通常會退而求其次地選擇比較不昂貴的項目，如果有第三種商品的價格高於另外兩種時，人們會由價格最經濟的那一頭轉為中等價位的選項。在上述麵包機的案例中，由於要推出更新、更昂貴的機器，讓購買者在兩者比較之下，覺得購買舊型那台似乎比較明智，也比較經濟。

上述的「麵包機啟示」可以對我們有什麼幫助呢？假設你是一個企業主或業務經理，要負責銷售某一系列的商品及服務。藉由上述啟示，你可以考慮增加一個更高價商品，而此動作可以帶來兩個非常重要的潛在利益。第一，價格更高的商品可以吸引一小群現有或潛在的顧客，為公司帶來更高的營收。第二，當商品線中有較高檔的版本，通常會讓次高價位的商品更具吸引力。

讓我們舉一個日常的例子，這是我們許多人熟悉的：在酒吧或餐廳選酒。在這些場所，上述原則通常沒有被發揮出應有威力。許多酒吧或飯店都會將最昂貴的酒列於酒單最下方，通常是顧客選酒時不太容易看到的地方；有些餐廳甚至把最高級的香檳列在另外一本酒單裡。如此一來，中等價位的酒或香檳就不會被認為是折衷的選項，因此對顧客的吸引力也就不大。其實，只要稍稍做點改變，將高檔的酒及香檳放在菜單或酒單最上方，應該就可以感受到「折衷」帶來的威力。

這個策略也可以用在職場。假設你的公司決定要付費讓你參加某個在郵輪上舉行的研討會，而你期待能住在有窗戶的艙房。建議你不要直接問你的主管對於有窗戶的艙房看法，而是在你偏好的選項兩側另外架構其他選項：一個選項更差（沒有窗戶的艙房），另外一個則是明顯比較好，但可能太貴（有陽台的艙房）。如此一來，你的願望反而很有機會實現喔！

折衷策略不只適用在烤麵包機、酒或住宿。提供一系列商品或服務的人都可以發現，如果先提供更貴的選項，那麼中等價位商品就會變得比過去還要熱門。

08 恐懼是一種說服力？還是麻痺劑？

第三十二屆美國總統羅斯福（Delano Roosevelt）在就職演說上，向焦慮沮喪的美國人說了這樣的經典名句：「首先，我堅定地相信，我們唯一要恐懼的，就是恐懼本身……它會麻痺了我們，並將撤退轉化為進攻時的努力。」羅斯福的說法正確嗎？當我們試圖說服目標對象時，「恐懼」真如他所說的，會造成麻痺嗎？還是會化做鼓勵？

大部份的研究顯示，「引發恐懼」的溝通通常會刺激訊息接收者採取行動，降低威脅。不過，這個通則卻有個例外：當發出恐怖的訊息時，卻未告知接收者清楚的訊息或是明確、有效的方法時，此時受眾會開始「否認」這則訊息對他們的威脅，寧願選擇麻痺自己而不採取任何行動。

在萊文．索爾（Howard Leventhal）及同僚主持的研究中，學生被要求閱讀有關破傷風感染的公衛手冊。一半的手冊含有感染破傷風的駭人圖片。而閱讀兩種手冊的學生中又各有一半會，一半不會獲得安排破傷風疫苗接種的具體計畫。另有一個控制組的學生是並未接收到任何警告，但卻收到破傷風疫苗接種計畫的。研究發現高度恐懼訊息只有在包含接收者可以確保接種的具體行動建議（因而可降低其對破傷風的恐懼）時，才能鼓勵學生接受破傷風疫苗的接種。這項發現解釋了為何在高度恐懼訊息中包含降低危險的具體行動建議是十分重要的。當排除危險的行動手段對人們而言更清楚時，他們就越不會改採例如是否認的心理途徑。

這項發現也可以被應用到商業及其他領域。舉例來說，在進行廣告宣傳時，如果要告知消費者你們公司的產品或服務可以降低某項威脅時，千萬別忘了要伴隨著他們可以採取以降低危險的清楚、具體並有效的手段。如果單單只想透過恐嚇消費者使其相信你的產品或服務有助於解決潛在問題，則可能帶來反效果，反而會使消費者更堅定地毫不作為。

此外，如果你公司內部某一大型專案中，存在某個明確且嚴重的問題，在你向管理階層呈報時，最好也能提供至少一項建議行動方案，讓組織可以採用或是因應，以避免可能發生的窘境。如果你先告訴高層之後才開始計畫如何突破，那麼當你跟同事在發展出因應計畫時，管理階層可能已經找到方法來封鎖訊息，或是不承認問題會發生在某一專案上。

醫療人員及公共關係從業人員應該要特別注意此項研究的意涵。醫生或護士如果想要說服一個過重的病人減肥，應將焦點放在「沒有減重所引發的危險」，並且附帶明確、直接的步驟，讓此病人可以遵循（例如：明確的飲食控制計畫或是特別設計的運動）。如果，只是指出心血管疾病或糖尿病患不減重可能導致極高的危險，只會讓病人徒增恐懼以及產生否認心理。又好比衛生署的官員，如果只是祭出抽煙、不安全的性行為或是酒駕等一些具有恐懼訴求的圖片，而沒有提出具體的計畫，則可能會讓恐懼訴求減分，甚至引發反效果。

在傳達某個潛在威脅時，一定要搭配上清楚、明確且易於遵循的行動計畫；因此，羅斯福總統的話應該要修正為：「我們唯一要恐懼的事情，就是恐懼的單獨出現。」

09 從西洋棋得到的說服技巧

二〇〇五年的四月，在美國政府的強烈反對下，世界上某一國家的議會以壓倒性的票數通過了前任世界棋王，也是受美國政府政治迫害的逃犯——巴比．費雪（Bobby Fischer）的公民申請。究竟是哪個國家敢不看美國這位老大哥的面子，保護這位危險人物，而且此人還曾經公開地為九一一恐怖份子辯護。是伊朗？敘利亞？還是北韓？都不是，答案是「冰島」，這個向來是美國忠誠盟友的國家。

然而，為什麼冰島會願意張開雙手迎接費雪呢？時序拉回一九七二年，也就是三十年前，一場受世界高度矚目的西洋棋賽，費雪與另一位尋求連任棋王寶座的俄國大師史帕斯基（Boris Spassky）對奕。特別的是，從來沒有一場西洋棋賽受到全球媒體的關注，原因在於，費雪古怪的個性。首先，他沒有如期的在開幕典禮時抵達冰島，讓大家懷疑他是不是要退賽。爾後，高調地提出條件，例如：要求主辦單位不准電視轉播，以及要求收取門票收入的三成。由於費雪的行為充滿了矛盾，就如同他的西洋棋生涯和個人生活一樣。最後，在雙方不斷斡旋下，獎金居然神奇的加倍，而費雪也在當時的美國國務卿季辛吉（Henry Kissinger）的勸進下來到冰島，並以高超的棋藝擊敗上一屆的棋王。這場峰迴路轉的大賽，榮登世界各地的媒體，而此也是冰島願意忍受費雪的原因，套一句冰島記者的話：「費雪將冰島放到世界地圖上頭。」

這很明顯被視為費雪給予這個孤立國家的大禮。這份禮物之「大」，讓冰島人過了三十年之後仍然念念不忘。一位冰島外交部的代表就曾表示，「費雪對冰島有著相當特殊的貢獻，雖然已經是三十年前的事，但人們還是記憶猶新。」根據英國國家廣播公司（BBC）分析，冰島人「非常樂意成為費雪先生的支柱」，即使許多人覺得費雪並不討人喜歡。

這一事件點出了「互惠」（reciprocity）的重要性及普遍性，這會迫使我們回報那些提供我們某些東西的人。這樣的規範使得我們在每日的社交互動、企業交易以及個人關係上維持公平，並協助我們與他人建立信任。

研究學者雷根（Dennis Regan）曾對互惠規範進行一個經典的研究。在實驗中，安排了一位名字叫喬的陌生人，他會主動拿一瓶可樂送給其他人。接受這份禮物的人，後來向喬購買的抽獎券數量要比沒有接收小禮物的人多出一倍。儘管在送禮物跟要求買抽獎券之中有時間差，而且當他要求這些人買抽獎券時，並沒有提醒他們曾經收過一份小禮物。

雷根的研究可稍微解釋，為何冰島政府覺得需要對費雪所做的事情做出回報，即使他是這麼具有爭議性的人物。研究結果非常有趣：許多研究都顯示「好感」與「同意」之間有著強烈連結，但雷根發現，從喬那裡收到一瓶可樂的人在做購買決定時，完全跟他們喜愛喬的程度無關。換句話說，收到禮物的人當中，不喜歡喬的人跟喜歡喬的人所購買的抽獎券數量是一樣的。這顯示了虧欠的感覺（由互惠的力量所引起的）威力凌駕於「好感」所能產生的效果。互惠的規範有著實際的持續威力，並且超越「好感」，這一事實對任何想要增強說服力的人來說，是非常重要的啟發。對於被要求要為他人做出大量或耗費成本幫助的人，這也是個好消息，因為這種行為原本在短期看來是沒有好處的。身為有知識且有道德的影響者，我們應該善用上述的啟示，先協助他人或先對他們做出讓步。如果我們先對團隊成員、同事或熟人伸出援手，就會在他們身上注入一股社會性的義務，迫使他們在未來必須要協助我們或支持我們以作為回報。

或許你可以提供老闆協助，可以在他心中創造出合作的形象；在未來需要協助時，老闆就會幫我們一把。經理如果願意幫忙，讓同仁早一點下班去約會，就是明智地投資在這位同事身上，這位同事會因此覺得需要做出互惠行為，未來也許會願意在某個重要專案完成前加班，以協助完成工作。

當我們需要說服或影響他人幫助我們時，經常會犯一個錯誤，我們會問自己：「這裡有誰可以幫我？」這是一種短視的影響策略。我們建議應該更有建設性地自問：「我可以幫助誰？」牢記互惠的規範以及這一規範對他人所造成的社會性義務，將會對未來的要求更有效。如果管理是「透過他人把事情完成」，那麼建構一個健康的網絡，讓其中充滿了過去曾經因為有用的資訊、妥協的讓步，或甚至友善的傾聽而負了「互惠」之債的同事，就可以讓你在未來獲益。同樣地，如果我們事先提供一些幫助給朋友、鄰居、夥伴，甚至小孩，未來他們都可能會對我們的要求有更多正面回應。

此外，在此特別強調另一種特別的職業「客服人員」，面對這些人時，施點小惠可以發揮很大的作用。如果你信用卡被扣錯款，或是在最後一分鐘才要改航班，又或是想要退還某樣東西，你可能會遇到不太願意幫忙的客服人員。為了降低遇到這類狀況的機率，試試以下的做法：如果你在互動一開始時發現，這名客服人員特別的友善、禮貌或願意回應（有可能是因為你還沒做出令他棘手的要求），請記得告訴這位客服人員，到目前為止，你對於他的服務非常滿意，你會在掛上電話之後，寫一封電子郵件給他的主管，讚許他的服務。在詢問了客服人員的名字及主管的聯絡方式之後，再提出你手邊的複雜問題。（或者，告訴對方你對於他的服務感到很滿意，希望他在服務結束之後把電話轉到主管那邊，藉此向主管稱讚他的表現）有很多心理因素可以造成了這一策略的有效性，不過，此處最有威力的要算是互惠的規範：你主動提出要幫助某人，那麼他就會覺得有回報你的義務。

10 哪一種文具用品可以助長你的影響力？

如果你正在書桌旁閱讀這篇文章，答案其實就在你伸手可及的地方。到底是什麼樣的文具有著這般的超「黏」力？是迴紋針？原子筆？鉛筆？筆記本？量角器？立可白？其實都不是。根據社會科學家嘉納（Randy Garner）曾對便條貼（最有名的就是3M出品的Post-it利貼）這項文具做研究，測試運用該用品是否會強化對他人做出要求時的手寫訊息。在一個有趣的實驗中，他發出一份問卷給受訪者，並且要求他們完成。問卷的發送分為三類：第一種在問卷的說明頁上黏了一張手寫的便利貼，請受訪者協助完成問卷。第二種則是同樣地手寫訊息，但直接寫在問卷的說明頁上。第三種則是沒有任何手寫字跡，只有問卷及說明頁。

結果，這張黃色便利貼創造出相當有說服力的效果：接收到黏上便利貼的受訪者，有超過七五％完成並回覆問卷；而第二種有四八％的回覆率、第三種則是只有三六％。

「到底是什麼因素讓這一小張便利貼發揮這麼大的威力？難道是他的顏色比較容易引起注意嗎？」嘉納反覆地問著自己同樣地問題。為了測試可能性，他重新發出新的問卷。這一次，三分之一的問卷上附有手寫訊息的便利貼、三分之一附上空白的便利貼、有三分之一完全沒有附上便利貼。如果只是因為便利貼上醒目的黃色吸引了人們對這份文件的注意，則兩種貼上便利貼的問卷回應率應該一樣高。結果並非如此，在便利貼上有著手寫字跡的問卷回覆率高達六九％，而空白便利貼則為四三％；而沒有黏上便利貼的是三四％。

這又要怎麼解釋呢？拿一張便利貼黏在說明頁面上，並附上一段手寫的訊息，其實不會花多少心力；但嘉納認為，人們會認定這是額外付出的心力，而且也塑造出個人化的接觸感，因此接收問卷的人覺得需要對這樣的接觸做出互惠，方式就是答應便利貼上的要求。畢竟，互惠是一種社會黏著劑，協助讓人們建立並維持合作關係，而且黏性絕對比便利貼的背膠還要強。

事實上，我們可以由研究結果中看到更顯著的證據。嘉納發現，在問卷上貼一張個人化的手寫紙條，不只是可以說服人們填寫問卷，而且回覆問卷的速度也會變快，對於問卷的回答也較為專注和仔細。研究人員決定更進一步加強個人化程度，除了在便利貼上寫下短文後，再加上自己的名字縮寫及「謝謝！」等字眼，問卷回覆率又向上攀升不少。

廣泛而言，這一研究對人類行為提供了相當珍貴的啟示：你的要求越是個人化，就越容易讓對方同意你的要求。更明確地說，這份研究顯示，在辦公室、社區甚至在家裡，一張個人化的便利貼可以點出你報告或溝通的重要性，避免被淹沒在一堆報告、文件或信件中。而且，完成要求的品質跟時效性都可能會大大提升。

總結來說，如果你在說服行動上運用了個人化的訊息，那麼，從中獲益的絕對不僅只有3M而已！

11 多一顆薄荷糖的魅力？

除非是準備要消滅吸血鬼，不然的話，當我們在餐廳享受完大蒜味濃厚的餐點後，在門口看到那盤薄荷糖總是會非常開心。因為吃一顆薄荷糖可以讓你的口氣變得清新，但對於餐廳及服務生來說，把薄荷糖放在這個位置，會不會是最「甜」的位置呢？

有些餐廳就用了不同或更有效的方式來提供糖果：服務生會在餐後送上糖果，像是致贈客人的一份小禮物，即使這可能只是一顆巧克力、或是幾顆跟著帳單一起放在銀盤裡的糖果，但事實上，這些糖果的說服威力是非常驚人的。

行為科學家史特梅茲（David Strohmetz）和同事們進行一項研究，測試在餐後提供一點糖果給客人，是否會對服務生的小費有所影響。在第一種狀況下，服務生在送上帳單時，為每位用餐客人送上一顆糖果；另一控制組則沒有贈送任何糖果。兩種狀況下的平均小費會有何不同？研究發現，送上糖果的實驗組，顧客給的小費比較多，但差別並不大，約增加了三．三％。第二種狀況則是由服務生給每位用餐客人兩顆糖果。不過是多了一顆糖果（每顆糖不過一分錢而已），但比起完全沒有給糖果的狀況，小費卻大大提高了一四．一％。這些都是合理可預測的，因為前文我們已經提到過互惠原則，也就是，當人們給我們越多，我們會越想要做出回報。但是，什麼因素可以讓我們的禮物或恩惠變得最有說服力？這項實驗的第三種狀況應該可以給我們答案。

首先，服務生給餐桌上每位客人一顆糖果，接著轉身作勢要離開；但在完全離開之前，又轉身走近用餐客人，從口袋中掏出糖來，再給每位客人第二顆糖。這個動作像是在對顧客說：「因為你們是好客人，所以我特別再多給一顆糖。」結果呢？小費增加了二三％。

這個研究告訴我們如何讓禮物和恩惠更具有說服力，其中得包涵三種要素：第一，給予的物品在接收者眼裡必須是「明顯」的。給每位客人一顆糖或兩顆糖，就讓小費的增加幅度從三．三％變成一四％。請注意，「明顯」不見得代表要「花很多錢」，兩顆糖也不過幾分錢而已。此外，請注意第三種狀況中新增加的重要元素。從經濟的角度來看，第二種跟第三種是一樣的，在這兩種狀況中，服務生在餐後都會給每位客人兩顆糖，差別在「給的方式」。因此，我們可以從中找出另外兩個讓禮物更有說服力的元素：「意料之外」的程度以及「個人化」的程度。在第三種狀況中，客人可能會在拿到一顆糖後，就以為在服務生轉身離開了，不會再有互動。因此，當服務生再度回頭給第二顆糖，完全在他們的意料之外。而這個動作看來像是服務生對這一桌的客人特別有好感，因此第二顆糖看來非常的個人化。

當然，如果服務生在每一桌都運用同樣地手段，客人會認為這種方法不夠道德，這一招也會失效。只要用餐的客人注意到這樣的做法被運用在所有人身上，額外的那一顆糖就不會被視為是個人化、或意料之外的，而會被視為服務生的慣用伎倆，反而產生反效果。不過，我們還是可以用符合道德的方式來應用這項研究的啟示。為了確保你所付出的禮物或幫忙能得到對方最大的感激，一定要花點時間瞭解以下這件事：

對接收者來說，什麼是真正個人的，且意料之外的。

即使只考慮研究的前兩組狀況，我們也可以發現，選擇將薄荷糖擺在門口會錯失一個好機會，讓服務生無法提供顧客一個感激的象徵，也因而失去了讓顧客回報的機會。即使這些糖果的成本不過是幾分錢，但卻可以讓客人知道，他們對服務生的價值更高於此。

12 互惠原則所產生的誘因

前文曾討論過，大部份的飯店在宣導重複使用毛巾時，都以「保護環境」為訴求重點。有些飯店則更進一步地創造出具有合作意味的訴求：業者提供誘因，鼓勵客人重複使用毛巾。在這一類具有「誘因導向」的訊息中，毛巾重複使用的卡片上會說明，如果客人選擇重複使用毛巾，飯店將會捐出所省下金額給非營利環保團體。

我們很容易可以猜想得到，設計這些活動的人為什麼會認為「誘因」有效。我們大部份的人都會直覺認為「誘因」是有效的：冰淇淋是說服小孩整理房間的最佳誘因；定時的獎賞可以幫助老狗學會新把戲；高額的全勤獎金可以讓我們減少按下有貪睡裝置的鬧鐘次數。儘管飯店提供的誘因並不是讓客人直接受益，但他們應該會因為對環境多盡一分心而願意參加這個計畫。但究竟成效如何呢？

為了找出結果，我們在同一個飯店做了另一項研究。這一次，有些房間掛的是標準環保訴求的卡片，另外一些房間則是掛著誘因導向的合作計畫。當我們檢視研究結果時，發現後者的表現並沒有優於前者，也就是以環保作為訴求的選項。為何會如此？

儘管有些因素可以支持這一類的訴求，但我們有很好的理由相信，只要再對訊息做一點的改變，就可以讓它比標準用法更具說服力。畢竟，要對方先跨出第一步，然後才能給予某些回饋，這樣的社會義務性太低；這種交換純粹只是經濟交易而已。另一方面，如果我們已經收到別人的恩惠，就會有很強烈的義務感，覺得要回報對方以符合互惠原則。因此，在說服客人重複使用毛巾這件事之上，誘因導向的訴求並沒有比標準的環保訴求更能有效地說服顧客，因為飯店並沒有先給予什麼東西，顧客也就沒有被迫要遵循的義務。

這個結果顯示，使用誘因來鼓勵顧客重複使用毛巾的點子可能是對的，但順序弄錯了。在考慮互惠規範的作用和方式之後，我們可以試著將「你先做、我再給」的順序反過來，或許更能有效增加毛巾重複比例，換句話說，飯店首先做出沒有附帶條件的捐款，接著再要求客人重複使用毛巾來共襄盛舉。這個想法形成了本研究第三種訊息的基礎。

第三種訊息基本上跟誘因導向的訊息相似，裡面也提到了飯店捐款給某一非營利環保組織。但此時捐款沒有預設前提（你重複使用毛巾、我才捐款），而是強調飯店已經捐款給這一類的組織，而且是以飯店客人的名義捐出。接著，再要求房客對這一動作做出互惠，方法就是在住房期間重複使用毛巾。

驚人的是，以互惠為基礎的訊息所產生的毛巾重複使用率，要比誘因導向的訊息高出四五％。這個發現更有趣的地方在於：其實這種方式跟誘因導向的內容幾乎一樣，但卻傳遞出相當不同的訊息。儘管兩者都告知顧客飯店捐款給某一非營利環保組織，但互惠導向的訊息告知客人，飯店這一邊已經先啟動了共同的努力，接著運用互惠及社會義務的力量來引導顧客參與。

從這些發現再加上其他研究的數據結果，我們可以清楚地看到，當我們設法邀請他人，不管是同事、顧客、學生或熟識之人進行合作時，都應該以真誠且完全沒有條件的方式給予協助。用這種方法來處理可能的合作關係，不僅能幫助你在第一時間獲得他們的贊同，也可確保這一合作關係是建築在信任，以及互相肯定的基礎上，而非效力非常弱的誘因系統。你會發現這樣的方法更為持久，否則當你承諾或獎勵的誘因不能再提供，或不再是顧客想要的東西時，原本建立的橋樑可能會立即垮下來。

13 「恩惠」的保存期限有多長？

在前面幾章，我們介紹的許多實驗與研究都證明了一點：如果先提供禮物、服務或幫忙某人，就可以創造出一種社會性的義務，讓對方必須施以回報來符合互惠原則。不管是提供某些實用資訊、幫同事的忙，或是像棋王費雪一樣，幫助冰島躍上世界地圖，這都讓對方對我們產生一種社會義務。但這些禮物或恩惠的影響在經過一段時間後，會變成如何呢？它們像是麵包，在接收者的心裡隨時間變了味，價值慢慢喪失？或是像酒，因為時間而增加價值，變得越來越香？根據研究學者弗林（Francis Flynn）觀察，這答案端看你是恩惠的接收者或是給予者。

弗林進行一項研究，調查對象是某大型航空公司的客服部門員工。在這個行業有個特殊的狀況，就是同事常會互相幫忙代班、調班。研究人員要求一半的員工回想他們某次幫忙同事的那段時間；而另外一半的員工則被要求回想當他們接受同事幫忙的時候。接著，所有員工都要指出他們對於那個恩惠的認知價值，並指出那是多久以前的事。研究結果顯示，接受他人幫忙的人，在立即接收到這一恩惠時，對它認定的價值較高；但隨著時間流逝，對其認知價值會越來越低。而幫忙別人的人則是剛好相反：他們在剛幫完忙時，對這個恩惠的認知價值較低；但隨著時間經過，認知價值反而越來越高。

這種結果的原因之一可能是：當時間流逝，對這個事件的回憶會變得扭曲，而人們通常傾向於以最好的角度來看待自己，所以，受到幫忙的人可能會認為自己在那時候不需要那麼「多」的幫忙；而幫忙他人的一方則會覺得自己做了很多事。

這些發現對於說服他人（不管是否在職場）的效能有著相當重要的意涵。如果你幫了某個同事或熟人，那個恩惠可能在短期間內最能影響對方想要做出回報。不過，如果你是受別人幫忙的一方，你需要弄清楚，在經過一段時間之後，處於你這種地位的人們傾向於降低那個恩惠的重要性。如果在接受幫忙後的幾個禮拜、幾個月甚至幾年之後，沒有肯定那個恩惠的完全價值，最終可能會損害雙方的關係。如果你是幫助他人者，你可能會傾向於對接受你的幫忙的人有負面看法，認為他們欠你人情沒有還。既然恩惠的價值在接收者的眼裡會隨時間而遞減，那麼我們要如何讓自己提供的協助發揮出最大價值？方法之一是，在提供協助當時，肯定自己所提供的幫忙：直接告訴對方，你很樂意幫忙，因為你知道「如果情況顛倒過來，我確定你也會這麼做」。

第二個方法，可能是風險更大的方法，就是在未來做出要求之前，重提之前給予的協助。當然，在使用這種方法時，一定要謹慎考慮你的用詞。如果你說「記得我幾個禮拜前幫過你嗎？現在該你回報我了！」這一類的話，絕對是注定失敗的。一個溫和的提醒或許比較恰當，例如：「我上次給你的報告，你覺得是不是很實用呢？」之後再開口做出要求。

沒有哪個方法可以保證能夠百分之百地影響他人，但我們確信，瞭解有哪些因素會影響人們對於恩惠的價值評斷，是一個好的開始。如果其他方法都沒有效，請記得互惠的一個簡單原則：用蜂蜜吸引到的蒼蠅，肯定比醋還多；同樣地，用一瓶陳年老酒所能贏得的恩惠，一定比上個禮拜的麵包還要多。

14 門口的一小步，卻邁向成功的一大步

試想一下，如果你住在如同童話故事般的城堡，庭院外頭有著如茵的草皮，和白色精緻的圍籬，每次有路人經過總是帶著欣羨的眼神，而且已經有很多富豪等著排隊成為你的鄰居。但是，假設有一天有個當地的交通警察上門請教你，是否願意支持「經過本社區時，請小心駕駛」的活動時，方法就是將一個六呎乘以三呎，上頭寫著「小心駕駛」的警告木牌立在庭院裡，並保證工作人員會小心地開挖草皮。

你認為會有多少人答應這樣的要求？根據社會心理學家費利曼（Jonathan Freedman）及費雷瑟（Scott Fraser）的實驗研究，在類似上述案例的富裕社區中，有一七％的住戶會同意這樣的要求。驚人的是，研究人員在另一組富裕社區上，可以得到七六％的同意比率，而且只是在要求中加入一個看似不明顯的元素。這元素到底是什

麼，它又能帶給我們何種有效的說服啟示呢？

一位研究助理在開始接近另一組居民時，詢問他們是否願意在窗戶上展示一個不是很顯眼的小標示，上面寫著「做個安全駕駛吧！」因為這是一個非常小的要求，因此大部份的居民都同意了。兩週後，另外一個人挨家挨戶詢問這些住戶是否願意在修剪完美的草坪上安置一個不好看的大型看板，此時他們更容易傾向於答應這個要求。

為什麼多了一個小要求（研究人員將此稱為「門口的一小步」策略）會在這麼大的要求上增加如此高的贊同率？根據證據顯示，在同意第一個要求後，居民會認為自己投身於某個值得努力的目標（以本案為例，這個目標就是安全駕駛）。當這些住戶在兩週後又接到同樣地要求，他們會傾向做出跟之前一致的行為，因為他們此時已經將自己認定為關懷社區的公民了。

關於「門口一小步」應用方式，可以用數不盡來形容，當然也包括銷售。比方說，有個精明的銷售專家就曾建議：「一般會先由一張小訂單開始，然後再逐漸鋪下天羅地網，推出全方位商品。這麼說好了，當顧客簽了一張訂單，即使利潤非常小，甚至不夠彌補你此次拜訪所花的時間跟努力，但他已經不再是潛在顧客了，而是你的顧客。」如果連第一張小訂單都拿不下來，這個以「承諾及一致性」為基礎的策略還可以用別的方式來運用。比方說，在面對不願意使用你服務的潛在顧客，可以先做出一小步、一小步的要求（例如：先答應跟你見面十分鐘），再慢慢進攻。同樣地，行銷研究部門如果能先詢問人們是否願意回答一個簡短的調查，之後受訪者會比較願意回答較多的問題。事實上，費利曼及費雷瑟進行了另一項實驗，結果證明了上述觀點。在那個實驗中，研究助理詢問一組住戶，是否願意參與一項調查，他們所說的明確字句如下：

「在進行這項調查時，我們會派五至六位員工在某個早晨到達府上，時間大約兩小時，主要是要計算您所擁有的家用商品並進行分類。他們需要能夠完全自由地在府上察看所有的櫥櫃與儲藏空間。所蒐集的資訊將會發表在公共服務出版品《The Guide》上。」

針對這個非常擾民的要求，有二二%的住戶同意。這真的相當瘋狂，因為我們所提出的是侵入住家的行為，按照法律來說，應該要申請搜索票，才能進出民宅。

接著，研究人員又打電話給第二組住戶，在電話中要求住戶做到以下事情：

「我們打這通電話的目的，主要是想請您回答幾個關於您使用家用商品的相關問題，這是為了公共服務出版品《The Guide》所蒐集的。您是否願意提供我們這類資訊？」

針對這樣的要求，絕大部份的住戶都同意了。三天後，研究人員對第二組的住戶逐一登門拜訪，做出前述的「搜索級」的要求。結果如何？將近此五三%的住戶同意這項要求！

同樣的方法也可以用在你的小孩跟你自己身上。抗拒的小孩很容易找理由不做功課、不整理房間，如果你先要求他們往那個方向前進一小步就好，之後可能會比較容易說服他們。比方說，請他們先花一小段的時間，跟你一起把功課寫完；或是要求他們在玩完某個玩具後，主動收回到玩具箱裡。只要他們對你第一次的小要求自願性地說：「好」，心理的動能會促使他們朝向「學業成功」或「更乾淨的住家環境」來前進。

將此一策略運用在我們自己身上時，與其設定一個看似難以跨越的目標（例如：減肥），不如為自己設定小一點的目標，讓自己沒有理由不完成它（例如：繞著附近的公園走一圈）。如此，我們會發現自己對於達成更大的健身承諾，已經慢慢兌現中。

15 如何成為具有社會影響力的絕地大師？

很久很久以前（精確一點說，是四分之一世紀以前），在遙遠的銀河，路克天行者（Luke Skywalker）打了最漂亮的一場「說服戰役」：他說服黑武士（Darth Vader）對付邪惡皇帝（evil emperor），救了自己一命，並讓銀河系恢復希望與和平。他到底是運用了什麼影響原則，取得他人的同意與遵循？那個原則該如何運用，幫你在自己的產業裡成為絕地大師？

電影《星際大戰：絕地大反攻》（*Return of the Jedi*）是《星際大戰》系列的最後一部，其中有一幕，路克天行者轉向黑武士說：「我可以感覺得到，你身上還有『善』的因子。」難道就是這短短的幾個字說服了黑武士（或至少種下說服的種子）使他轉而投向光明的世界嗎？如果我們看看社會心理學的研究，答案顯然是肯定的。

這些話裡蘊含的策略，就是大家所知的貼「標籤」（labelling），即是將某個特質、態度、信念等貼到某個人身上，再對此人做出一個與該標籤一致的要求。標籤技巧的應用不限於政治領域或銀河系，其實在企業交易或其他互動中，都可以使用這一技巧。比方說，假設團隊中有一人，他的專案無法如你所預期的結案。或許此人會因此喪失自信心，認為自己沒有能力提供專案所需。假設你仍然相信他可以勝任這份工作，應該提醒他是一個認真、不屈不撓的人，甚至舉出過去的例子，說明他過去在面對類似挑戰時如何獲得勝利，成功地完成公司賦予的任務。

無論是老師還是父母都可以運用這種標籤策略來塑造期望的行為，方法就是告訴對方，你認為他是「在面對這類挑戰時會成功的人」。這樣的策略不管是用在成人或小孩都可以。比方說，我們其中一位跟其他同事曾進行一項研究，當老師告訴孩子，他們看來像是在乎字寫得漂不漂亮的學生，使得這些小孩真的會利用課餘時間多練習寫字，即使是沒有人在旁邊看的狀況之下。

公司與顧客的關係也可以透過這種方式強化。你可能很熟悉航空公司應用這一原則：當飛行抵達終點時，座艙長會向乘客廣播：「我們知道您可以選擇的航空公司有很多，因此非常感謝您選擇了我們。」他就是運用了標籤技巧衍生出來的方式，暗中提醒你，如果有那麼多家可以選擇，你選擇這家一定是有原因的。上面的話是為乘客貼上「對這家航空公司有信心」的標籤，如此，乘客應該也會對自己的選擇以及這家航空公司更有信心。同樣地，你可以使用這一技巧來提醒顧客，他們選擇跟你的公司往來，顯示他們對公司以及對你有信心，對此你非常感激，也會對他們的信任做出最好的表現。

請記住，這一策略可以推翻黑暗世界，的確非常吸引人！但就跟其他所有影響力的策略一樣，也應該以道德的方式運用。換言之，只有當這項特質、態度、信念或其他標籤的確反應對方的天生能力、經驗或個性時才能使用。當然，我們知道你根本連什麼叫做不道德都不知道，因為我們也感覺到你身上有好多「善」的因子呢！

16 用對問句，影響效果就不同！

任何一個政治人物都會告訴你，在選舉期間壓力特別的大，因為他們既要努力說服選民相信自己具備的特質，還要鼓勵支持者在選舉那天去投票。所以有越來越多的政治人物將大筆的鈔票砸在電視廣告、郵件及媒體曝光上。但是，真正精明的候選人會運用另外一種方式，即善用說服的藝術以及科學來幫自己加分。

二〇〇〇年美國總統選舉就是明顯的一例，兩方差距僅有五百三十七票，卻創造極大的不同。此案例讓我們再度瞭解到，每一票真的都很重要，因為只要有一票的落差，江山就可能是對手的。而在那次頗具爭議的選舉中，美國全體人民及媒體的焦點都在數不清的辯論上，即使是投票率的些許提升都會對結果造成很大的影響。那麼，究竟要用什麼策略，才可以吸引支持者出來投票呢？

答案很簡單：只要要求潛在投票者預測自己當天是否會去投票，並提供一個理由。社會科學家葛林．沃德（Anthony Greenwald）與同僚在某次大選前夕針對選民嘗試這一方法，結果那些被要求做預測的人，投票率比沒有被要求預測的人還多出二五％（投票率分別為八六．七％以及六一．五％）

這個技巧涉及兩個重要的心理步驟。第一，當人們被要求預測未來是否會從事某項社會期待的行為時，他們都會覺得被迫要說：「會」，因為這是在當下可以贏得社會認可的答案。由於社會對於投票這件事情賦予重要的使命，一時之間要受訪者說出自己打算待在家裡看電視而不去實踐公民義務，可能非常困難。因此，毫無意外地，這些接受詢問的受訪者，百分之一百的都說他們會去投票。

第二，在大部份的人公開說會去執行某個符合社會期待的行為後，他們就有動機做出跟自己承諾一致的行為。再舉另一個例子，餐廳老闆大幅降低失約率（預先訂位但沒有依約出席、也沒有打電話來取消）的方法之一，就是請接待人員在接受電話訂位時改變說詞。原本的用詞是：「如果要取消訂位，請打電話給我們」，建議可改為「如果要取消訂位，麻煩您打電話告訴我們好嗎？」當然，幾乎所有的顧客都會對這個問題做出承諾，回答：「好」。更重要的是，他們感覺到需要遵守自己做出的承諾，因此失約率也從三〇％降低到一〇％。

因此，候選人若想要拉高支持者的投票率，最簡單方法就是請志工打電話給這些自稱是支持者的人，詢問他們是否會在下一次選舉時投票，並等待對方說：「會」。打電話的人可以再加上一句：「我會在您的名字前做記號，標明您會參加投票，也會告訴其他人。」請注意！這句話具備了三種元素：自願、主動而且公開為他人所知，如此更能強化承諾感。

舉一個運用該策略的成功案例。試想一下，如果你被指派帶領一支團隊執行專案，你發現新專案要能成功，不只能仰賴成員的口頭支持而已，還需要將支持轉變成有意義的行動。因此，你不只要向團隊成員解釋他們支持這一做法可以得到什麼好處，還應該詢問他們是否願意支持這個新專案，並期待他們回答：「願意」。在做出這樣的正面答覆之後，還要請他們說明支持這項新做法的原因。

不管你的角色是主管、老師、業務人員、政治人物或是募款人，如果你使用這個策略，將可以引發另外一個重要的投票，即對工作投以深具信心的一票。

17 讓承諾歷久不衰的重要元素？

安麗（Amway）公司是美國最賺錢的直銷公司之一，這家公司在鼓勵業務人員不斷往上衝刺，追求更高境界時，曾做出這樣的建議：

「在開始前，我們再給你最後一個提示：設定你的目標，並且把它寫下來。不管目標是什麼，重要的是『設定它』，你會因此有了聚焦的焦點；另一個重點在於你把它寫下來了。『把事情寫下來』有種神奇的魔力。因此，請你設定目標，並把它寫下來。當你達到那個目標時，請再設定另一個目標，再把它寫下來。這樣，你就會開始不斷地成長了！」

「把目標寫下來」為何能有效地強化承諾呢？即使我們並沒有把寫下來的東西公

開給其他人知道？

簡單來說，主動做出的承諾會比被動承諾更具持續力。最近有一份研究探討了主動承諾的奧妙之處，社會科學家希歐非（Delia Cioffi）以及嘉納（Randy Garner）邀請大學生作為愛滋教育專案的義工，到當地各學校進行宣導。這些學生會拿到一份參加說明，這份說明有「主動式」跟「被動式」兩種版本。依據主動式資料的說明，如果他們自願加入此專案，應該要填寫某一表格，表明參加的意願。而收到被動式資料的學生則被告知，如果想要當志工，應該在「不願意參加」的表格中留下空白。

研究人員發現，同意參加志工的人數百分比不會受到說明主動式或被動式回應而異。不過，幾天後，真正現身來參加的人當中，兩種群體的比例卻有懸殊的差距。在「被動同意」組當中，只有一七％依約出現；而透過主動方式表明參加意願的學生中，有四九％信守承諾。

為什麼寫下的承諾（因為寫下來，所以是主動式的）會在邀請參與的案例中發揮如此大的效果？人們會依照對自己行為的觀察做出判斷，而他們的判斷依據是自己

「做出」的行動，而非「沒做」的行動。此外，希歐非及嘉納也發現，那些主動加入志工計畫的人比被動加入者，更可能將決定歸因於個人的個性特質、偏好及理想，這一點也可以支持上述的論點。

這種主動承諾對影響力有何助益呢？舉例來說，如果你是業務經理，要求業務團隊寫下他們的目標，此舉將會強化他們對於那些目標的承諾，最終會提升每個人的績效。同樣地，在會議當中，最好能讓參與者寫下並公開分享他們同意要採取的行動。

在零售的環境中，有個實際案例在在說明了「把事情寫下來」的威力。有許多超級市場都會提供顧客使用會員卡或是他行的信用卡，將消費分期付款。這些零售商發現，如果顧客是自己填寫申請書（而非業務人員代填），他們比較不會取消這份協議。這些資料顯示，如果你想要讓顧客，以及企業夥伴對你們聯合採取的某一措施有最高的承諾度，你應該安排讓所有相關單位在填寫任何相關的協議時，採取主動的角色。

主動的承諾同時也在健康醫療產業發揮出極大的效果。近年來，健康醫療組織宣稱，有越來越多的病人在掛完號後，沒有依約前來看診。事實上，根據國家健康服務的調查顯示，光在一年內就有七百萬次的預約沒有被履行，這個令人震驚的數字代表著有大量的財務及醫藥成本被白白浪費。那麼，「主動承諾」可以如何協助降低這一頻率？我們建議，當病人在預約下一次看診時（不管是例行檢查或是重要手術），可以請接待人員或行政人員把預約的日期與時間寫在一張小提示卡上。不過，在這樣的例行作業中，病人的角色是被動而非主動的，因此最好能要求病人自己填寫這張卡，這是一種有效且低成本的策略，可降低病人的失約率。

最後一點，如同本書中所提及的其他方法一樣，主動承諾也可以幫助我們產生對個人生活的遵循。讓小孩、鄰居、朋友、另一半白紙黑字地寫下承諾，這個行動雖然微小，但在心理上可以產生巨大的力量，讓我們能有效地影響他人，以避免得到一個無效的口頭承諾。

18 選對客群，妥善運用「一致性」的好處

王爾德（Oscar Wilde）說：「一致性是缺乏想像力者的最後避難所」。同樣對一致性抱持輕蔑態度的愛默森（Ralph Waldo Emerson）也說：「愚昧的一致性是小心眼裡的妖精。」赫胥黎（Aldous Huxley）則說：「真正具有一致性的人已經死了。」為什麼這些著名的作家在他們還是傲慢的年輕小伙子時（而不是在年紀稍長成為智者之時）說出這些話？這又對影響力又有什麼樣的啟示？

如前所述，人們通常會希望讓自己的行為跟之前既存的態度、陳述、價值或行動一致；但經過時間流逝，人們的年齡越來越大，這種傾向是否會因此而改變？我們其中一位作者與領導研究學者布朗（Stephanie Brown）及其同事進行了一項研究，顯示人們對於一致性的偏好會隨著年齡而越來越強。這很可能是真的，因為「不一致」會造

成情緒上的沮喪，而年紀較大的人則更有動機去避免經歷情緒沮喪的狀況。

這個研究對於「如何影響長者」有著重要意涵。由上述研究中，我們可以知道，這一族群會比其他人更抗拒改變，因為改變會讓他們覺得自己的行為與過去做出的承諾不一致。因此，假設你的公司準備要推出一系列針對熟齡顧客的新商品，此時最好能將焦點放在「一致性」上，強調購買及使用這項商品跟他們過去既存的價值、信仰以及做法一致。這樣的啟示也可以應用到別的領域上，例如：去說服公司裡頭一個老前輩使用新的系統，或是要求沒生病的父母親服用保健藥品。

光是向對方說明我們建議的新行為跟他們過去的價值觀、信念跟做法一致，就可以讓他們放棄之前的行為嗎？由他們的觀點來看，與那些決定保持一致性是好事。我們都知道，跟一個人前人後不一致的朋友打交道有多痛苦，這種人常會改變心意，而且很容易被他們聽到的下一個訊息所影響。

跟這樣的人打交道，除了指出我們的提議與過去那些所謂重要的事情一致之外，還需要再多做一件事。為了確保訊息能達到最佳說服效果，最好的做法是稱讚當時所做的決定，並將之描述為「那時所做的決策真的是明智、正確」，如此的做法可以讓搖擺不定的人們從之前的允諾中獲得解放，並把焦點繼續放在提案之上，此時他們的信心也會大增，不會覺得自己下錯判斷或覺得丟臉，而產生不一致的行為。

在上述的前置作業完成後，你又提出一個跟他們整體價值、信念及做法相連結的訊息，就能使這一訊息取得有利的位置了。如同畫家在作畫前會先準備畫布；醫學人員在開刀前會先準備器材；運動教練在比賽前會讓球員做好準備一樣。同樣地，說服也需要做好準備。有時候，我們需要考慮的不只是如何將說服的言語進行包裝，同時也要注意之前的訊息與反應。如同諺語所說：「最好的騎馬方式，就是順著馬前進的方向騎。」唯有先將自己跟馬的方向調整一致，接著才有可能慢慢且小心地駕馭牠，一步一步朝你想要去的目的地。如果立即想把馬匹扭轉到你想要去的方向，只會讓你疲累不堪，而你也可能在過程中讓馬疲憊不堪。

19 富蘭克林教我們的說服訣竅

一七〇六年出生的富蘭克林（Benjamin Franklin）是知名的作家、政治家、外交官、科學家、出版商、哲學家，以及發明家。他的政治家身份可能多過於其他角色：他發明了美國的國家概念，在美國獨立革命的期間擔任外交官，並取得法國支持，協助讓美國獨立；身為科學家的他，因發現電力及理論而著名；身為發明家的他，發明了雙焦點眼鏡、里程表，以及避雷針等。但在所有成就當中，最令人震撼的一項發現是，「如何贏得對手的尊敬」（甚至是在麻煩對手的狀況下）。

富蘭克林在賓州州議會時，深受另一位議員頑固的政治對立及敵意而苦。他決定採取行動來化解這一難題，贏得對手的尊敬、甚至是他的友誼：

事實上，我沒有用卑微的方式來爭取他的認同，而是運用了另外一個方法。我聽

說他的藏書中有一本非常稀有且奇特的書，因此我寫了一封短箋給他，表達我很想拜讀那本書，並詢問他是否可以幫我一個忙，把書借給我看幾天。結果，他立刻就將書送來。一個禮拜後，我把原書奉還，並附上一封短箋，表達強烈的感謝之意。後來，我們在議會碰面時，他主動跟我交談（他以前從來沒有這樣過），而且非常有禮貌。之後他顯示出隨時要幫忙我的熱忱，我們因而變成了很好的朋友，我們的友誼一直持續到他過世。這個例子再次證明了一句老格言：「幫過你的人，比受你幫忙的人更樂於再多幫你一個忙」。

在多年以後，行為研究學家傑柯爾（Jon Jecker）以及蘭迪（David Landy）做了一個研究，想要驗證富蘭克林的說法是否正確。在其中一項實驗裡，參與者在比賽中贏了實驗人員一些錢，之後實驗人員詢問其中一群參與者，是否可以把錢還給他們，因為他們用的是自己的錢，而且所剩無幾，結果幾乎所有的參與者都同意這一點。另外一群參與者則沒有收到實驗人員的退錢要求。接著，所有參與者接受匿名調查，說明他們喜歡這位實驗人員的程度。

富蘭克林的策略聽來非常不合邏輯，但他的策略是否支持這項實驗呢？答案顯然是肯定的。傑柯爾及蘭迪發現，被要求幫忙的那群人給實驗人員打的「好感」分數，高於沒有被要求退錢的那一群人。

為什麼會這樣？我們從其他研究中知道，人們會有強烈動機要改變自己的態度，以便與行為一致。當富蘭克林的對手發現自己在幫一個他不喜歡的人時，他可能會告訴自己：「為什麼我要大費周章地幫這個我根本不喜歡的傢伙？嗯！或許富蘭克林也沒那麼糟吧，仔細想想，他好像還有一些不錯的特質……。」

富蘭克林的策略可以幫助我們管理自己與他人的關係。比方說，我們通常需要同事、鄰居的幫忙，但是因為他們並沒有特別喜歡我們，導致我們不敢開口要求他們幫忙，擔心他們會因此更不喜歡我們。所以，大多數的人不會開口請別人幫忙，事情能拖就拖，最後反而耽誤了任務的進行，甚至使專案結不了案。

這個研究清楚地讓我們知道，這種擔心跟遲疑是沒有根據，也是不必要的。也許請那些令你討厭的朋友和同事幫忙，必須要鼓起很大的勇氣，但是只要想想，如果目前並沒有因為跟這些人溝通或不溝通而失去什麼，那麼，最糟的情況也不過回到原點而已。試試看吧！真的不會有什麼損失的。

20 「小要求」如何創造大不同

「好事情總是一點一點出現的。」這可能是某位無名小卒說的話，但是不管是誰，他顯然非常瞭解「以小要求成就大局面」的威力。

在本書中，我們不斷提供證據來支持我們的論點：我們可以成功且道德地打動人們，讓他們對我們說：「YES!」。但在某些狀況或環境中，瞭解人們為何對看似合理的要求說：「NO!」也是非常重要的。例如：人們為何會拒絕捐款給合法正當的慈善團體？

關於上述問題，我們其中一位作者與幾位同事設計了一個實驗來分析可能原因。絕大多數的人在面對捐獻時，心中多少都會有所保留，即使平常就很支持某一特定的團體而言，最常的回應是「他們能力有限，所以沒有辦法捐獻太多」，而且他們會假設自己捐的一點點錢是沒有辦法發揮什麼作用的。基於這個邏輯，我們認為，在這種狀況下如果想要敦促人們捐獻，最好的方式就是，告訴他們「即使是非常小的金額都會有幫助」，也就是將小額捐款正當化、合理化。

為了測試這一假設，研究助理挨家挨戶要求住戶捐款給美國癌症協會。在自我介紹之後，他們會對一半住戶說：「您是否願意捐款來幫助本協會？」隨後就不再多說；對另一半的住戶，則會多加一句：「即使是一分錢都有幫助。」

分析結果後發現，這個小小的銅幣在說服重量上幾乎是比擬金幣呢！結果跟我們的假設一致：聽到「即使是一分錢都有幫助」的那一群人，捐款的比率幾乎是另一組的兩倍（五〇％比二八．六％）。

有鑑於這樣的事實，我們建議讀者，如果想要他人提供協助，只要指出「即使一點點的幫助都是被接受的、也是有價值的」，或許就能幫你達成目的。不過，這種「即使是一分錢都有幫助」策略會不會發生反效果？聽到這句話的那一組捐款率幾乎是另一組的兩倍，但他們有沒有可能捐出比原本打算捐的金額還要少，或是金額比另外一組的人更低？為此，我們分析了捐款金額，發現每位捐款人的平均捐款金額並無差異。這項結果的意義在於：「即使是一分錢都有幫助」的要求優於現有的標準要求，不僅捐款人數較多，總捐款金額也比較高。以我們的實驗為例，在每一百人當中，從第一組所蒐集到的捐款金額是七十二美元；另一組只有四十四美元。

「即使是一分錢都有幫助」可以在職場上有多種應用。面對同一專案的工作夥伴，你可以這樣說，「只要花一小時，你就可以提供很大的幫助」；對於字跡難以辨識的同事，「只要再清楚一點點，就可以給我很大的幫助！」對於忙碌的潛在顧客（但需要花時間好好瞭解他的需求），「即使是一個簡短的電話溝通，都會有很大的幫助！」往對的方向前進一小步，將有助於日後獲得意外的大成果。

21 為什麼起標價越低，成交價卻越高？

小甜甜布蘭妮嚼過的口香糖、藍色小精靈的紀念盤、壞掉的雷射光筆……等，如果我們想要在拍賣流程中有效地銷售商品或服務，上述這些東西可以給我們什麼啟示？看看人們在 eBay 如何介紹他們的「寶貝」，或許可以給你一些啟發。

eBay 是一家全球有名的線上拍賣及購物網站，個人或企業都可以在這個網路平台上買賣全世界的物品或服務。這家公司一九九五年成立於加州聖荷西，創辦人為皮爾．歐米迪亞（Pierre Omidyar），他是一名程式設計師。可能很多人不知道，出現在 eBay 的第一號拍賣品是歐米迪亞用壞的一隻雷射光筆，售價一四．八三美元。原本只是無心插柳，後來，他很震驚地發現，竟然有人想要買這樣的東西，因此他跟出價的買家聯繫，問他知不知道拍賣的是一枝壞掉的光筆。這位買家透過電子郵件回覆道：

「我就是專門蒐集壞掉的雷射光筆啊！」

二〇〇六年，eBay 營業額達到六百多萬美元，在這個網站上，你幾乎可以買得到任何想像得到的東西，還有更多想像不到的東西。在最近幾年，原始的好萊塢標示以及英法海底隧道的無聊機器等也都被放到 eBay 上拍賣。一位住在亞利桑納州的男子成功地以五．五美元賣掉了他得過獎的空氣吉他，即使他指出買家實際上是買了一個「空」的東西。二〇〇五年，英國電台 DJ 的妻子聽到他在空中跟某位名模打情罵俏，一氣之下就把他深愛的 Lotus Esprit 跑車放到 eBay 上拍賣，「立即購買價」是五十便士，結果在五分鐘之內就賣掉啦！

eBay 清楚地找到非常成功的商業模式，基礎就是線上競標機制。事實上，許多公司都採用了類似的模型，透過線上競標的流程跟系統來投標及選擇供應商。因為線上競標流程跟企業既有的競標流程有根本的相似性，觀察賣家如何能在 eBay 這類網站上最有效地賣出物品，可以讓我們瞭解應該如何管理公司的競標流程。

行為科學家吉利．古（Gillian Ku）和他的同事做了一個實驗，如果某個品項最初價格較高，潛在買主可能會認為它應該比最初價格較低的物品還要有價值。不過，他們進一步探討，由於起標價帶來較高的認知價值，是否能產生較高的成交價。研究結果顯示，起標價較低的物品，最後的成交價反而比較高。學者認為造成這一現象的原因有三。

第一，因為起標價是進入門檻，因此起標價低會比較容易鼓勵更多人參與競標。第二，由於較低的起標價會使得流量升高，也就是，出價的總次數以及不同競標者人數較高，可以對新的潛在競標者產生「社會證明」的效果。換句話說，潛在競標者會發現起標價較低的品項有著較高的社會證明，因為有其他許多人都在競標此一項目，這一證明可能會刺激他們也加入競標。第三點，起標價較低的競標者，尤其是很早就出價的人，很可能會花更多時間跟心力更新出價，為了讓自己花在競標過程的時間跟精力值回票價，他們更可能會持續出價、把標價提得更高，立志要贏得拍賣。

這些研究發現告訴我們，如果你的公司是透過某種形式的競標流程來提供物品或服務，將標價訂低一點可能可以拉高最後的得標價格。不過，我們要先請各位務必考慮一件事：研究人員發現，「社會證明」的成分是強化低起標價效果的關鍵部份，因此，當某一物品的流量受到限制（例如：在eBay上把商品名字拼錯，如此會限制了潛在出標者人數，因為有些人可能是透過傳統搜尋引擎找物品）如此，用較低的起標價就沒有那麼有效了。綜合上述研究發現，我們可以知道，如果有許多競標者想要你的商品，使用較低起標價會最有效。但是，如果競標只受限於兩個參與者，使用這種方式最沒有效果。

把這個策略融入實際做法中，可能不會為你公司的小玩意兒或你家的古董花瓶多賺得幾百萬，但至少可以幫助你賺到足夠的錢去標那把空氣吉他——如果下次又有人拿來拍賣的話。

22 要如何炫耀才不會被貼上「愛現」的標籤？

如果你跟大部份的人一樣，當你知道最多的時候，一定會想要告訴全世界的人。然而，即使你夠資格作為那一主題的權威，還有個困難要先克服：在嘗試要將你所知道的資訊傳達給他人，並嘗試要說服所有人時，他們可能會認為你過於自大跟自負，結果反而會不喜歡你，甚至不願意聽從你的建議。如果不能這麼直接的自我推銷，那麼真正的專家會怎麼做呢？

選擇之一是，找另外一個人來代表你發言。這種方法已經被演講家、作家、表演者及其他大眾溝通者使用多年。他們會安排其他人來向溝通對象（聽眾或觀眾）描述自己的專業及資格，神奇地說服他們應該要聽此人怎麼說。這個方法也可以避免過度的自我推銷可能造成的損害。最理想的狀況是，找到一個本來就很相信你具備高度技巧或知識的人，他也自願告訴其他人你有多聰明，希望你可以把世界變得更好。如果沒辦法做到這樣，你也可以付錢請一個代表來幫忙。

但人們如果知道你付錢請人來對你歌功頌德，他們就不會對你感到厭惡嗎？如果他們犯了大部份人常犯的錯之一，就不會對你厭惡了——社會心理學家通常將此稱為「基本歸因錯誤」（fundamental attribution error）：當我們在觀察他人行為時，通常不會把某個情境因素（例如金錢），在型塑行為過程中放上足夠的權重。

本書其中一位作者與領導研究學者菲佛（Jeffrey Pfeffer）及其他兩位同僚一起進行一項研究，我們認為人們並沒有將這類資訊納入應有的考量深度。也就是說，花錢請一個中間人來為你的能力背書，還是一種有效的說服形式。在其中一個實驗中，我們要求參與者想像自己是出版社的資深編輯，需要跟成功而有經驗的作者打交道。首先，他們會閱讀一份關於高額版稅預付款的合約。接下來，說明行銷的企劃，第一群人閱讀的摘要是從經紀人角度來宣傳作者的成就；第二群人讀的企劃則是由作者自己來宣傳新書。結果證明了我們的假設：「經紀人推銷」組在每個尺度上的給分都比

「作者自我推銷」組更高。

這一研究確認了一點：由第三者技巧地幫你背書，是一種有效且值得的策略，可以幫助你凸顯出專業性，事實上，如果可能，第三者也應該代表你針對合約條件及酬勞進行談判。此外，我們也建議，當你要對一些不太熟悉的人進行簡報時，最好能找另外一個人來介紹你。最有效的方法之一，就是準備一個簡短的個人介紹，內容不需要很長，但至少要包括你的背景、訓練或教育經歷，以顯示你夠資格對某個主題發表演說。你也可以列出幾個與演講主題相關的成功案例。

以最近我們其中一位作者正與一家知名的房地產經濟公司合作，他們使用這種方法之後，立即獲得高度成效。該經紀公司底下有銷售及租賃兩個部門，因此當顧客打到辦公室時，會先由總機人員判斷他需要的是哪個部門，總機小姐可能會說：「喔，您需要租賃，我幫你轉接珊德拉。」或者「你要找業務部門，我幫你轉接彼得。」

我們建議這位總機小姐在介紹同事時一併說明其專業資格，因此，總機小姐不只回答要轉接哪一位同事，同時也會對該同事的專業做某種程度的介紹。例如：面對需要租賃資訊的顧客，總機會說：「喔，您需要租賃，我幫你轉接珊德拉，她在這一帶的租賃業已有十五年以上的經驗。我現在就幫您轉過去。」同樣地，如果是想要詢問關於賣屋資訊的顧客，總機就會說：「我幫您轉接銷售部的主管彼得，事實上，他最近才剛幫顧客賣了一間跟您狀況很類似的房子。」

這樣的改變有四點特色，值得各位注意。第一，總機對顧客說的經歷與資訊都是真的。珊德拉的確有十五年的經驗；而彼得也是公司最成功的業務人員之一。但如果是彼得或珊德拉自己告訴顧客這些，就好像有點自吹自擂，自我推銷意味過濃，也就不怎麼有說服力。第二，這樣的介紹是由某個明顯跟珊德拉及彼得有關的人口中說出（總機顯然會由這樣的介紹中獲益），但似乎沒有太大影響。第三個值得注意的特色是，它的效果。珊德拉、彼得跟他們的同事回報說，跟過去相比，這種話術讓他們的約訪顧客數大幅增加。第四，這樣的介入幾乎沒有成本。辦公室裡的每個人都知道公司有多麼廣泛深厚的專業知識及經驗，但只有最重要的人不知道，即是公司的潛在顧客。

如果沒辦法找其他人來幫你說好話呢？是否有其他的方法，在不大聲張揚的狀況下展現自己的能力？事實上是有的。舉個例子，曾有一群醫師助理向我們其中一位作者訴說一個困擾他們的問題：病人總是對維護健康的日常運動意興闌珊。不管他們多麼努力告訴病人這些運動的急迫性，但他們總是無動於衷。當我們要求看診療室時，立刻注意到一個現象：這裡的牆上或其他地方，並沒有懸掛任何的資格證明。於是，建議他們將各種資格認證掛在病人可以看得到的地方，之後，他們發現病人變得「聽話」多了。這給了我們什麼啟示？展現你的證書、憑證或得獎記錄給你想要說服的人看。你已經贏得那些資格，而那些資格將會協助你贏得對方的信任。

23 聰明反而會被聰明誤？

在酒吧裡，常可聽到酒客們講著令人半信半疑的故事。「在那個超級名模成名以前，我曾跟她約過會！」、「我原本可以打贏的，但我不想要傷害其他人。」、「原本我可以加入英國足球代表隊，但是因為拇趾囊腫脹，害我的職業球員生涯被迫劃上句點。」等等。

在所有酒吧故事中，以下這則應該可以得到吹牛比賽第一名！在一九五三年二月的某個寒冷的夜晚，兩位紳士走進劍橋的老鷹酒吧，在點了飲料後，其中一人向其他在場客人宣布了一個大消息：「我們發現了生命的祕密了！」

這聽來雖然有點自吹自擂、也有點傲慢，但他們說的剛好是真的。那天早上，科學家華生（James Watson）及克里克（Francis Crick）的確發現了生命的祕密：他們發現

DNA的雙螺旋構造。

這個發現可以說是現代最重要的科學發現，在這項發現的五十週年之際，華生接受關於此一主題的專訪，解釋他們做了哪些工作，因而得以領先其他許多具有高度成就的科學家，率先解開DNA的神祕面紗。

一開始時，華生列了一些因素，大多不令人意外：他跟克里克確認這個問題是需要著手的最重要議題；他們都對於研究工作有著高度熱情；他們都專心一致地處理眼前的任務；他們都願意嘗試自己熟悉領域以外的方法。接著，他又補充了一個成功要素，此點真的是令人驚訝。他說，他跟克里克之所以能夠解出DNA的密碼，主要是因為他們不是研究此主題的科學家當中最聰明的。

什麼？華生繼續說道，有時候將自己視為最有智慧的決策者、最聰明的個體，事實上是非常危險的狀況。為什麼？成為房間裡最聰明的那個人，有什麼隱藏的危險嗎？

華生在訪談中繼續解釋，當時在研究這個主題的科學家當中，最聰明的是住在巴黎的英國科學家羅瑟琳．富蘭克林（Rosalind Franklin）：「羅瑟琳非常聰明，因此她幾乎很少尋求別人的建議。如果你是房間裡最聰明的那個人，你的麻煩就大了。」

華生的說法反應出許多發生在善意領導者身上的常見錯誤。組織領導者善於處理許多特定的議題與問題，比方說，如何針對潛在顧客設計最有威力的促銷手法、如何最有效地為家長教師協會籌募基金等。但即使領導人本身是團隊中最有知識、最有經驗及技巧的人，也應該設法讓所有團隊成員一同朝向目標努力。如果不這樣做，可能會過於魯莽。事實上，行為科學家拉弗林（Patrick Laughlin）及其同事曾經做過這樣的研究，以合作方式產生解決專案的群體，不僅在方法及結果上都比單獨工作的平均值要高，甚至比群體中頂尖成員單獨工作所得到的結果還要好。領導者常會因自己具備較佳的經驗、技巧及智慧，就將自己視為群體中最佳的問題解決者，忽略了要請團隊成員參與意見。

拉弗林與同事們的研究告訴我們，為什麼最好的領導者獨力作業會被較不專業但以協同合作方式的群體給打敗。首先，群體的知識及角度會比較多元化，這是單一決策者無法比得上的。群體的意見會刺激彼此的思考流程，這也是單獨工作時無法發展出來的。我們都曾被同事所說的某個評論激發出新想法，事實上，新想法不是同事創造出來的，他只是點燃了「聯想」的火花而已。第二，單獨尋找解決方案的人會喪失「平行處理」大的優勢，也就是說，協同合作可以把問題拆解成許多子任務，分配給不同的成員負責，一起同步進行，但單一個體必須一次一個依序處理。

但完全的協同合作會不會有風險？畢竟，透過委員會所產生的所有決策都是出了名的「次佳績效」。我們也注意到這個問題，因此我們建議不要以投票的方式來做出結論；事實上，我們建議完全不要做聯合決策，最終的選擇應該全部交由領導者來做。但在尋找投入的過程中，領導者應該邀請更多的人集體參與。如果能請團隊成員固定投入意見，不但可望達到更好的成果，也能得到團隊更密切的關係及支持，強化未來的協同合作及影響力。但是，如果團隊成員的想法最後被否決，會不會有傷害自尊及打擊士氣的危險呢？如果領導者能向大家保證每一個觀點（有些不見得是決定性的因素）都會在流程中被客觀地考慮，那麼上述問題應該不至於會產生。而且，誰知道建立一個團隊，並鼓勵成員彼此合作，或許不能讓你像華生與克里克一樣，大聲宣告你發現了「生命的祕密」，但或許你可以發現另一個祕密：開啟你跟團隊真正潛能的祕密。

24 致命的「機長症候群」

除了把自己視為房間裡最佳決策者的風險之外，還有一個同樣危險的事情，就是被他人視為房間裡最聰明或最有經驗的人。如果這個「房間」是飛機的駕駛艙，而有問題的是機長，那麼情況可就大條了。

以下是佛羅里達航空九十的飛行錄音，這架飛機在一九八二年掉入華盛頓特區附近已經結冰的波多馬克河。墜機前的黑盒子錄音如下：

副駕駛：我們再檢查一次機翼上的冰吧！因為我們進入機艙已經好一陣子了。

機　長：不用了，我們再一分鐘就要起飛了。

副駕駛：（在準備起飛時指著某個儀器說）這看起來好像不太對勁吧？

機　長：沒有問題啦！

副駕駛：也許真的沒問題吧！

（飛機奮力往上飛，但不成功的聲音）

副駕駛：賴瑞，我們一直往下掉耶。

機　長：我知道。

（接著傳出巨大撞擊聲，飛機墜毀，正、副駕駛及七十六名乘客喪生。）

這是團隊成員屈服於領導者所造成的眾多悲劇之一。因為領導者的角色正當性及知識上的權威，造成團隊成員不願意挑戰領導者的決定。這個例子也顯示了領導者嚴重忽略了他們被認知的地位及專業所造成的影響有多大。「機長症候群」（captainitis）這類行為就是由飛機上的生態而來：當機長做出某個不正確的決策時，組員完全不抵抗因而產生致命的錯誤。意外調查專家不斷發現這種災難的案例，結果都是因為機長犯了明顯的錯誤，卻沒有被其他組員糾正。

機長症候群不只會發生在空中。在一組研究中，研究人員測試受過訓練，而且領有證照的護士，如果他們的「老闆」（也就是主治醫師）表示意見，自己是否願意放棄對病人的專業責任。為了執行這一實驗，心理研究學者霍夫林（Charles Hofling）打電話到多家醫院的護理站，共接觸到二十二名護士。打電話的人表明自己是醫院醫師，指示護士取二十毫克的 **Astrogen**（似內分泌用藥）給某位特定病人服用。在這份調查中，九五％的護士都直接到藥櫃裡按照電話指示取藥，並拿給電話中指示的病人服用，即使這藥還沒被核準，而且二十毫克的劑量是每日建議使用量的兩倍！

研究人員綜合各項數據，提出一個結論：在人員配置充足的醫療單位裡，他們很自然會假設多種的「專業智慧人士」（醫師、護士、藥劑師）會一起努力以確保做出最佳決策，但再進一步仔細檢視，這裡面其實只有一種智慧發揮功用。在這個研究中，護士顯然放棄了自己的經驗及專業，決定聽從醫師的指示。

或許在這樣的狀況下，護士的行動是可以理解的，畢竟主治醫師在職權上高於護士，同時本身也是權威。換句話說，醫師是負責的人，因此有權處罰不順從的員工。

此外，醫師也具有優異的醫藥訓練，使得周遭的人都願意服從他的專業地位。由於對醫師專業的認知，因此當研究結果顯示護士不敢挑戰醫師建議的處方，也就不會太令人意外了。

領導人應該要清楚認知這些研究的發現，不必然是為了下次到醫院時要保護自己，而是下一次在辦公室或董事會上做出重要決策之前，仔細思索一下。如果領導者不開口詢問團隊成員的意見，或是團隊成員不能堅持自己的看法，都可能演變成一個具有殺傷力的循環，由差勁的決策程序產生差勁的決策，因此發生各種原本可以避免的錯誤。不管你是球隊教練、團隊領導、公司老闆或是跨國企業的執行長，協同合作式的領導（也就是說，邀請所知甚多的員工提出反對意見）是打破上述惡性循環的關鍵所在。此外，領導人多一點謙卑之心，絕對是有益無害的。

25 三個臭皮匠，勝過諸葛亮？

在太空史上，有兩起美國人舉國哀悼的悲劇紀念日：其一是二〇〇三年二月一日，美國太空梭哥倫比亞號在返回地球大氣層時爆炸；另外一起則是發生在一九八六年一月二十八日，美國挑戰者號在升空時爆炸。在兩起災難中，太空梭上的七名太空人都罹難。儘管這兩起悲劇的原因並不相同（一起是由於太空梭左翼受到撞擊；另一起則是由於太空梭固態火箭推進器上的「O」形橡膠環裂開），但經過仔細檢視之後，我們可以發現根本原因是相同的：這兩起悲劇肇因於太空總署（NASA）差勁的決策文化。從這些悲劇中，我們可以得到什麼啟示？我們該如何創造一個容許他人點出錯誤的職場文化？

首先，我們先瞭解這些災難的背景。請先看看以下的對話，這是哥倫比亞號事件調查人員跟任務管理團隊主席之間的對話：

調查員：身為領導者，你如何尋求反對的意見？

主　席：嗯，當我聽到的時候……

調查員：領導人通常是聽不到「異見」的……那麼，你會用什麼技巧來取得大家的意見？

主　席：沒有答案。

在哥倫比亞號的事件裡，領導者忽略了低階員工的要求——他們曾要求國防部使用間諜衛星來拍攝太空梭可能的損壞部份。而在挑戰者號的事件中，領導者忽略了工程師的警告——發射當天的寒冷天氣可能會讓O型環失去作用。

是什麼原因造成了這種差勁決策？

社會心理學家詹尼斯（Irving Janis）檢視了現實世界上決策失敗的案例，例如：

甘迺迪的豬玀灣入侵事件、尼克森的水門醜聞等等，由此發展出一種理論，說明群體如何演變成為差勁的決策——「群體迷思」（groupthink）。這是記者懷特（William H. Whyte）所創造的名詞，指的是一種群體決策過程模式，群體成員通常需要與其他人和平相處、互相取得認同；對他們而言，這一點的重要性高過於尋找及謹慎評估可行替代觀點或想法。導致這種現象發生的因素，包括了群體凝聚性的需求、與外界影響力的隔絕，以及明確表達自己看法的獨裁領導者等，這些因素會在組織各個階層出現，讓成員認知到一種壓力，迫使他們順從領導者的看法。此外，這也會引發一種認知需求，把反對的看法通通消除，讓領導者不會接觸到這一類的看法，導致領導者誤以為團隊成員完全認同彼此，而且還認為群體外的看法都是比較差的。這樣的結果造成了有缺陷的討論及決策過程，使得群體無法完整調查所有的替代方案，也無法評估群體領導者偏好選項中潛藏的風險。

要避免這種劣質的決策過程，應該要採取哪些步驟？可以透過以下的方式來改進：鼓勵成員對所有觀點提出批評與質疑，尤其是團隊領導者所偏好的觀點。明智的領導者應該要先尋求其他人的意見後，才將自己的想法說出來，藉此確保能蒐集到團隊真正的想法、意見以及觀察。

為了有效採取這個策略，領導者應該創造一個公開且誠實的環境，歡迎團隊的每個分子勇於提出意見，並且讓大家知道，他們的看法都會被謹慎考慮，不用擔心遭到懲罰。最重要的一點是，即使在決策已經完成後，群體應該還要繼續討論可能存在的疑慮。此外，邀請外部專家參與也是很重要的，他們會不帶有偏見地評估各種想法。有人可能會認為在組織內討論太過短視，而且只是找出在企業文化下本來就已經知道的事情，在這種狀況中，邀請外部專家會特別有效。為了要找出更多未知但可能更有用、更具啟發性的部份，需要來自外部的看法。

簡單來說，有時從你的團隊中聽到反對看法是很重要的，這可以增加你成功說服他人採用群體決策的機會。

26

誰的說服力強？魔鬼使者還是真正的反對者？

近四個世紀以來，羅馬天主教都使用「魔鬼使者」（devil's advocate）[1]來調查聖賢候選人在生活或工作上的負面表現，並向教會呈報。這可以視為一種聖賢的評鑑形式，由魔鬼使者找出關於聖賢候選人的不利資訊，並呈報給教會領袖，以掌握更多資訊，協助決策流程的進行，讓教會因多元化的意見、看法及資訊而獲益。

一般來說，「企業」跟「聖賢」這兩個字通常不會一同出現。不過，企業經理人倒是可以從「魔鬼使者」身上學到寶貴的一課。當團隊中每個人都對某個議題表示同意時，多鼓勵其他不同的聲音、看法，通常會讓組織獲益良多。尤其考慮到群體思維及群體極端化（群體中多數人的意見越討論通常會越極端）的破壞性效果時，這一點就變得更為重要。

社會心理學家對這一主題的研究已有一段時間，他們知道，在意見一致的群體中，即使只有一個反對者都可以讓團體激發出更有創意、更複雜的思維。直到最近，很少有研究在探討反對者的特性。如果想要強化想法相近群體的問題解決能力，究竟需要魔鬼使者（請人假扮為反對者）？還是真正的反對者？

社會心理學家尼密斯（Charlan Nemeth）與同事的研究結果顯示，相較於真正的反對者，某個被要求扮演「魔鬼使者」角色的人，較無法在群體成員中提倡創意的問題解決能力。研究人員認為，大部份的成員比較容易認定真正反對者的論點，及意見是有根據、有原則的，因此也比較有效；另一方面，「魔鬼使者」的立場看來只是為反對而反對。當大部份的成員在面對真正的反對者時，他們會嘗試瞭解，為何此人會如此堅持自己的信念；透過這樣的過程，他們自己也會更瞭解問題，並由更廣的觀點來思考。

這些發現是否暗示著魔鬼使者已經過時了？在一九八〇年代，教宗若望保祿二世（Pope John Paul II）正式終結了魔鬼使者在天主教會的使用。的確有些證據顯示，魔鬼使者的經驗有可能強化，而非消滅大多數成員對既有立場的信心，或許是因為他們相信自己已經考慮了，並且排除所有的可能方案。不過，這並不代表魔鬼使者一無是處，這一招還是可以用來吸引大家對其他非主流方案、意見、觀點或資訊的關注，只要大多數的人願意以開放的心胸來考慮這些。

綜合以上研究的發現，對領導者來說，最好的方式或許就是創造並維持一個開放的職場環境，鼓勵同事及屬下公開地對主流意見表示反對立場。這可以促使成員對複雜問題激發出更有創意的解決方案，也能提升員工士氣（只要那些反對都是對事不對人），最終提升組織的利潤。如果該決策會造成持久且深遠的影響，則考慮實際尋找真正的反對者。鼓勵見聞廣博的智者說服我們現在的想法可能錯誤，將可以讓我們處於更有利的位置，透過更真誠，而非假裝的論點，增加對眼前問題的瞭解，因而做出最佳決策，創造出最有效的訊息。

1　Devil's advocate 用語來自羅馬天主教教會。在教會歷史上，曾經有不少品德高超、行為聖潔的人，他們無懈可擊的生活作風和堅定不移的信仰，使他們在身後能當之無愧地被稱為聖賢，但要得到聖賢的稱號並不容易，得經過好幾年的調查。羅馬天主教會會委派一名神父或其他神職人員，盡全力地瞭解此名候選人是否有任何瑕疵而不配得到聖賢的榮譽，而這名調查人員就叫「魔鬼使者」。

27 以「對」為師？還是以「錯」為師？

力量、勇氣、決心、承諾、無私，我們通常會將這些形容詞用在救火隊員上。有些人會將救火隊員視為楷模，不管在職場或個人生活中，都是我們師法的對象，雖然有時候「拯救人命」跟「從樹上把貓救下來」跟我們的工作可能沒有太大的關係，不過，學習救火員的訓練方式，或許可以幫助你成為日常生活裡的英雄。

行為研究學者瓊恩（Wendy Joung）及其同事想要瞭解，什麼樣的訓練計畫最能有效降低工作上的錯誤判斷機率。他們尤其想要知道，如果將學員的焦點放在他人過去所犯過的「錯誤」上，訓練成效是否會比給予「正確的決策」來得好。他們認為，放在他人過去的錯誤上應該會比較有效，原因有好幾個，包括投入的注意力較高以及某些值得記憶的經驗等。

研究人員鎖定的目標對象是，時常需要在壓力下做決策的人，而且這些人的決定往往會帶來相當關鍵的成果。因此，他們刻意選擇救火員來進行實驗，過程中，研究人員將救火隊員分為兩組，並在訓練發展課程中對救火員說明幾個不同的個案。一組是，個案中的救火員做了較為差勁的決策，因而導致錯誤的結果。另外一組則是，案中的救火員做出了對的決策，因而避免負面結果的發生。研究人員在分析結果後發現，兩相比較之下，接受負面個案訓練的那一組在判斷能力上有較大的改善。

訓練就是在影響他人，因此，如果你想要員工在未來有明顯的行為改變，企業內部的教育訓練就得非常清楚。儘管許多公司泰半都將訓練鎖定在正面行為上，也就是將焦點擺放在「如何做出好的決策」上，但本研究結果卻顯示，有相當比例的訓練應該要放在其他人在過去為什麼會犯某些錯誤，以及這些錯誤應該如何避免上。此外，在關於這些錯誤的個案研究、錄影、圖片，以及個人證言播放完畢之後，應該要馬上進行討論，讓學員思考在類似的狀況下，應該採取什麼樣的行動才恰當。

當然，訓練中不需要特別指名是誰曾經做了這些不好的決策，而且最好是的狀況是完全以匿名的方式來做教案。不過，你可能會發現，有些經驗豐富、受人敬重的員工會非常樂於捐出他們充滿錯誤的「故事」，甚至不吝將自己的經驗納入教材中。

這個方法不只可以在企業內部使用。就連老師、運動教練以及所有提供訓練的人士都可從中獲益，當然也包括父母。例如，在教導孩子遠離陌生人時，父母可以假設一個情境，告訴小朋友故事裡的小孩被陌生人給騙了，接著再與孩子討論這個小朋友應該要做些什麼才能避開陌生人，藉此讓孩子在未來面對這類情境時，更有心理準備。

28 化缺點為優點的最佳方法？

約莫半個世紀以前，Doyle Dane & Bernbach 廣告公司接受了一個不可能的任務，即是將福斯金龜車推向美國市場，當時美國的主流皆是本土大型車，小型德國車要打入美國人的心中可謂是難度很高。而金龜車的成功完全歸功於一個再經典不過的廣告，Doyle,Dane & Bernbach 在廣告上完全沒有強調金龜車的優點，例如：便宜和省油。相反地，他們強調這台車的缺點。

這個廣告打破了當時產業界的普遍看法。整個焦點放在一個事實上：福斯汽車與當時的美國製的汽車相比，並不討人喜歡。在廣告中強調出來的品牌子標題是類似這樣的：「醜陋只是表面」、「它還會繼續醜下去」等。我們很容易瞭解為什麼這類標題可以引起注意，也可以瞭解為什麼這類廣告整體而言是討人喜歡的。但光是這些因素並不能說明該廣告推出後的驚人銷售（之後還持續成長）。這些廣告如何成功地銷售出這麼多車呢？

指出商品的一項小缺點可以創造出一種認知，讓大眾覺得廣告此一商品的公司是誠實且值得信任的，因此當公司在推銷真正優勢時，就會比較具有說服力。以上述的金龜車為例，真正的優勢就是「價格」及「省油」。同樣地，全球第二大租車公司艾維士（Avis）也善用這一優勢：他們令人記憶深刻的格言是「艾維士，我們是第二名，但我們會更努力（當你不是第一名的時候，你必須更努力）」另外的例子包括了「李施德霖：每天三次令你厭惡的味道。」以及「萊雅：我們的商品是昂貴的，但是你值得擁有。」

這類策略的成功案例也可以在廣告以外的領域找到，以下是應用在法律上的例子：在行為科學家威廉斯（Kip Williams）及其同事進行的一項研究中，當陪審團聽到一方律師搶在另一方辯護律師之前，提出案件中的某個缺點，該動作會讓陪審團將他視為值得信賴的，在整個案件的判定上會比較偏袒，因為他們認知到此人是誠實的。

不知道你有沒有注意到，多數的求職者在履歷表上幾乎都是寫自己的正面經歷，但是他們被面試的機會往往少於那些在履歷表中提到自己某些缺點，然後經歷哪些事件後成長的人士。

這類技巧的其他應用還有很多，比方說，如果你要銷售車子，當潛在買主來試車時，如果你自己招出關於車子的負面資訊，尤其是潛在顧客不可能自己發現的那類資訊（例如：汽車行李箱有點難打開或是不太省油等等），會讓顧客對你跟對車子的信任程度神奇地提升。

這樣的策略也可以應用在談判桌上。比方說，如果在某個小領域是你自認自己比較弱的，建議可以先提出來，千萬不要等到後來被對手發現就為時已晚。先說會讓對方認定你是可信賴的對手。業務推廣也是如此：如果你對企業銷售彩色影印機，而你的影印機儲紙量比對手的少一點，最好能夠及早提出這一點，藉此贏得潛在買主的信任，接下來就會比較容易說服潛在買主，你影印機的真正優異功能超越競爭者甚多。

不過，請各位特別注意，你所指出的缺點應該是相對輕微的。所以我們不可能會看到廣告會說：「我們是 **J.D. Power** 協會評等最後一名的車，一旦把這些錯誤的死亡訴訟處理好，一定會加倍努力的。」這不是很好笑嗎？

29 哪種失誤能幫你招來更多的顧客？

十七世紀的法國作家及道德家拉羅什富科（François, Duc de La Rochefoucauld）彷彿先行預言了福斯金龜車的成功，當時他說了一句這樣的至理名言：「先承認自己的一點小錯誤，藉此說服別人我們沒有犯大錯。」如果將此套用在商品上，告訴顧客如同蜻蜓點水的小缺失，以換來極高的報酬率。只不過，我們應該選擇哪一個缺失來「招供」呢？

根據社會科學家波納（Gerd Bohner）和他的同事們所做的研究，這類攸關兩面說服的訴求，如果要能發揮出最大的效果，必須要在負面及正面訊息間有清楚的連結。在其中一項研究中，波納創造三種版本的餐廳廣告。第一種訊息，完全強調正面特性（例如：特別強調餐廳舒適的氣氛）；第二種則包含正面特色，加上一個不相關的負面訊息。（例如：除強調舒適氣氛外，並點出不提供停車位）；第三種訊息則是描述某個負面特色，並加上一些相關的正面特色。（例如：告訴顧客餐廳不大，但也說出具有溫馨、舒適的氣氛。）

研究發現，看到第三種廣告的參與者可以連結餐廳的負面角度跟正面角度（那裡空間很小，但那正是讓餐廳環境舒適的原因之一）。簡單來說，運用雙面訊息都會讓顧客對餐廳經營者產生一定的信任度，但若雙面的訊息，也就是正負面的屬性相關連，會讓顧客對於餐廳有更高的評價。

此外，如果你的目的是想增加他人的信賴感，在雙面訊息中所透露何種類型的缺點就不是那麼重要。不過，如果你想要強化對目標（不管是餐廳、商品或你的信用）的正面觀感，那麼最好為該項缺失搭配上密切相關的正面訊息。以下我們舉個實際的例子說明：一九八四年，美國總統雷根在競選連任時，有些選民擔心他年紀太大，對連任抱持存疑的態度。為此，某次與對手孟岱爾的辯論中，雷根承認自己年事已高，但他隨即補充道：「我想要讓你們知道，我不會拿年紀作為選舉的議題，更不會為了政治的目的，而在對手的年輕、沒有經驗上大做文章。」儘管孟岱爾在第一時間的反應是哈哈大笑，事實證明，他的得票數堪稱美國史上最難看的成績，相信這時他應該笑不出來了。

這一研究也可以運用在企業。例如：你要向顧客介紹公司的新商品，不僅出色且具有獨特性，遠比競爭對手的商品優異許多，但價格卻是相對較貴的，約高出二〇%。不過這二成的差價倒是可以透過「使用較久」、「較具成本效益」來抵銷，也可輔以使用起來更輕巧、節省時間，以及不占空間的優點來呈現。

本研究的結果建議，當你在提出某項商品價格較高的劣勢之後，隨即應該接著說明跟成本有關的利益，而不是商品的其他特性。你的說詞可以類似這樣：「就表面上來看，我們的商品價格是高了二〇%。但如果您考慮到使用年限以及較低的維護成本，或許價格就不是絕對性的考量。」這種說詞會比下面的說法更有說服力：「就表面上來看，我們的商品價格是高了二〇%。但是它速度更快、而且使用空間也更小。」

換句話說，在提到缺點之後，一定要立即提出跟缺點相關的優點，藉此抵銷缺點的影響力。如果命運請我們吃檸檬，我們應該要設法做出檸檬汁，而非蘋果汁。

30 承認認錯也是一種說服的好方法？

成立於紐約的捷藍航空（JetBlue Airways），主要的服務訴求為票價低廉。二〇〇七年二月的某天，捷藍航空在面對美國東北部的嚴寒氣候時，做了一個錯誤的決策，使得上千名乘客大受影響。當時，幾乎所有航空公司皆因為天候不佳取消航班，只有捷藍航空沒有掛出停飛標誌，繼續給乘客希望，甚至還說它們的飛機一定照常起飛。然而，暴風雪旋即而至，飛機並沒有依約起飛，使得滿心期待的旅客大失所望。

讓幾千名顧客陷入等待的夢魘，捷藍航空面臨一個極為困難的公關決策：到底要怪誰或什麼因素？應該推說是外部因素造成的，例如糟糕的天氣？或者要將矛頭指向內部因素，說是公司作業疏失？該公司選擇了後者，承認在這個過程中發生的錯誤是因內部問題產生的，而非外部問題。這家公司勇敢而謙卑地承認自己的錯誤，這是很少見的舉動，很少有組織或組織內的人會為決策或判斷錯誤承擔錯誤及指責。社會的影響是否會支持捷藍航空的決策，尤其是這種遭遇類似處境也很少被其他公司考慮的策略？

社會科學家李（Fiona Lee）及其同事認為，將錯誤歸咎於內部原因的組織，反倒能在大眾認知及利潤成長上往前跨一大步。他們認為，把錯誤怪到可以掌控的內部組織，可以使大眾看起來是，經營者對於自己的資源和未來擁有更高的掌控能力，也找到應對的計畫去修正問題，或是再次避免錯誤的發生。

為了測試這個想法，李跟同事們進行了一項簡短的研究，請參與實驗的人，分別閱讀兩份虛擬的公司年報，內容是解釋過去一年，公司為何表現得如此差勁。一半的參與者閱讀的年報，是將績效不彰怪罪於內部（但可能是可以控制的）因素：

【虛擬公司報告A】

今年度營收意外地下滑，主要是因為我們去年某些策略性決定所導致。決定購

併新公司以及在國際市場推出多種新的藥品，直接造成營收的短期下滑。身為管理團隊，我們對國內外市場浮現的不利因素沒有做好萬全準備及因應措施，深感歉意。

另一半的參與者則是閱讀B版本的公司年報，將績效不彰的原因歸因於外部（不可控制）的因素：

【虛擬公司報告B】

今年度營收的下滑，主要是因為金融海嘯造成的全球經濟危機，以及國際競爭對手的增加。這些不利的市場因素直接造成營收的短期下滑，也阻礙了許多新的關鍵藥品上市。這些意料之外的狀況起因於聯邦法規，完全不是我們所能控制的。

相較之下，閱讀A版本的參與者對該公司各種評比，都比B版本更為正面。研究人員沒有就此停住，他們想要進一步測試這一假設在現實世界裡是否成立。為此，他們蒐集了十四家公司長達二十一年的年報。他們發現，當這些公司在年報中解釋失敗時，如果將失敗原因解釋為內部、可控制的原因，在一年後的股價高於將錯誤指向外部不可控因素的公司。因此，為自己的錯負起責任，並承認錯誤，對自己跟對公司都是好的。那麼，為什麼這種行為這麼少見？通常，在面對成本高昂或尷尬的錯誤時，不管錯誤到底是組織或個人造成，大多數人的反應都會先怪罪到外人或外部因素，將注意力從問題的根本轉移，事實上，這樣反而會自找麻煩。第一，如同研究中所提到的，這樣的策略可能會無效，因為無法對多疑的股東或是消費者證明，我們對於問題有控制力，也有解決問題的能力。第二，即使我們能在短期將注意力轉移，但長期而言，還是會回歸正題，不但會點出我們的錯誤，還會揭發我們的欺騙行為。

這一點不僅在公司內成立，在個人身上也成立。如果你發現自己犯了錯，應該要承認錯誤，並且立即做出行動方案，證明你對於該狀況有控制權，可以立即修正。透過這些行動，可以讓自己處於更有利的影響力地位，因為他人會認為你不僅有能力，而且很誠實。

總結來說，這些研究的結果顯示，如果你推諉責任，將手指向外部因素而非自己，那麼你跟你的組織都很有可能會落入失敗的窘境。

31 何時該為伺服器當機而開心？

電腦出現失常故障，可能會讓大家的工作一片混亂。不過，最近的一項研究卻顯示，某些狀況下的電腦當機問題，反而是一種恩惠，而非禍源。

社會科學家納金（Charles Naquin）及庫茲伯格（Terri Kurtzberg）想驗證以下假設：組織將科技（相對於人為失誤）視為意外的主要原因時，顧客及其他外界人士比較不會要求組織負起全責。在其中一個研究裡，他們請會計系的學生閱讀報上一篇虛擬的文章，內容為：在芝加哥，有兩輛通勤列車對撞，在這起意外中有許多人受傷，交通也因此大亂。接下來，在內容上做了一些調整，有一半的參與者得到的訊息是，問題是來自科技上的失誤，精確地說明是列車上的程式出了錯，應該在停止的時候，卻發出前進的訊號。而另一半的參與者，所得到的資訊指向人為的疏失，指出列車指揮人員在列車應該停下來時，卻給了前進的訊號。研究人員發現，被告知是電腦失誤造成這起意外的那群學生，比較不會把這筆帳算到芝加哥交通局頭上。

另一研究中，研究人員運用了發生在大學校園內的實際案例。學校的伺服器出了問題，導致電子郵件只能在學校內部的帳戶互相轉寄，狀況持續了一整天。研究人員對企管所的學生做問卷調查，請他們表示，負責校園網路系統的資訊科技辦公室（OIT）應該為此事負責的程度。在回覆問卷前，有一半的受訪學生被告知是「電腦失誤導致伺服器當機」；而另一半的學生則被告知是「人為疏失造成伺服器當機」。結果顯示，當學生知道當機的原因是人為疏失時，對OIT的責怪多過於電腦失誤那一組，其中還有人提議要他們付出鉅額的賠償。

為何會如此？這項研究顯示，比起科技引發的問題，人為的疏失應該更可以避免才對，因為組織對於人為引起的事件應該有更大的掌控能力才對。

我們曾在前一章所提到，大部份的人在天性上會傾向於減輕或隱藏已經發生的錯誤，尤其當那個議題可能對我們的顧客或同事產生負面影響時。但在面對這樣的推託之詞時，受到影響的人可能會先假設問題是由人為疏失所引起，而這是本來可以避免的。雖然我們建議你或你的組織在犯錯時要勇敢認錯、承擔責任，但在某些案例中，如果問題真的是由於技術故障引起，就應該要讓相關人士都清楚知道這個微小，但是卻很重要的資訊。切記！一定要清楚說明，況且，當你已經鎖定問題的來源，就表示對整個狀況已有掌控能力，也能避免再度發生同樣地問題。

因為技術問題而產生的延誤似乎在日常生活越來越常見了。據統計，英國人每年因為大眾運輸工具的技術問題而產生的延誤，平均是十八小時，相當於一生中有五十五天受到耽誤！任何一種延誤都會對生活造成困擾，但讓人憤怒的是，不知道是為了何種原因被延誤。因此，如果你發現自己正需要處理這個燙手山芋，需要宣布因技術問題而產生的延誤，你應該要儘快向受到影響的人宣布，並藉此製造出兩種效果：第一，讓自己看起來是有能力的、可以提供資訊的，而且站在顧客那一邊。第二，清楚表明你知道問題的根源，也會對於未來的狀況有更多的掌握。

32 「相似性」如何創造出差異性？

在一九九三年的夏天，密西西比河的洪水侵襲美國中東部的數個城市，包括伊利諾州的昆西市（Quincy）。為了保護自己的家園，幾百位昆西市居民日以繼夜地趕工，將可能受到侵襲的地方堆滿數千個沙包。居民眼中的未來一片淒涼，食物跟補給品也隨著時間慢慢消耗殆盡，但是，疲勞、悲觀氣氛、還有洪水水位都在持續上升中。此時遠方傳來一個令人振奮的消息：麻州一個小城市的居民捐贈了大量物資給昆西市，而且已經在運送的途中了。

什麼因素影響了麻州的小城市，讓那裡的居民對千哩遠的昆西市做出這麼慷慨的舉動？為什麼又只針對昆西市，而不是其他同樣遭受洪水威脅的城鎮？

在相當多的心理學研究當中，都顯示我們最可能遵循的他人行為，是來自跟我們有著相同個人特質的人。這些個人特質包括了價值觀、信念、年齡以及性別。但對上述問題的答案則在於一個看似不相關卻又微妙的關係中，也就是：城市名稱。光是同一個名字，就讓麻州的昆西市居民覺得跟伊利諾州的昆西市居民息息相關，足以激發他們的慷慨之心。

有什麼可以解釋這個現象？社會心理學家發現，我們對於某些跟自己有連結的微妙事物會有特別正面的感覺，例如：相同的名字。這種傾向會以某種令人驚訝的方式自我增強。比方說，研究結果顯示，人們比較容易答應跟自己同一天生日的陌生人所提出的要求。

在另外一個研究中，研究員嘉納（Randy Garner）以郵件寄出調查問卷給完全陌生的受訪者。在問卷會附上一張信函，請他們協助完成問卷並回覆，而做出這一要求的人，可能跟問卷接收對象名字相似，也可能不相似。比方說，在「相似組」當中，羅伯特．克利爾可能會收到來自鮑伯．克利格的問卷；欣西亞．強斯頓小姐可能收到來自欣蒂．強森的問卷調查。而「不相似」實驗組裡使用的名字則是該項研究五位研究助理的其中之一。

研究結果顯示，「相似組」的受訪者在問卷的填寫跟回覆上，都比「不相似組」還要高（五六％比三〇％）此外，在研究的第一階段完成之後，所有回覆第一份問卷的人會再收到第二份問卷，這份問卷請他們評估是什麼原因讓他們回覆問卷。這份問卷的回收率將近一半，但卻沒有任何一個人指出「寄送者姓名」會影響他們決定完成問卷。由這一類的調查發現，我們可以體會到「相似性」在人們決定幫助誰的時候所引發的威力及微妙性。

我們可以將這類社會心理的研究發現應用到其他領域。比方說，潛在顧客可能比較能接受與他具有共通性的業務人員，這些共通性包括了名字、信念、家鄉以及以前就讀的學校。指出相似性也可以作為解決同事或鄰居間爭執的第一步。當然，我們並不倡導人們自創跟他人相似的特質或屬性，以獲取別人的認同。但我們建議各位，如果你的確跟某人有著的相似性，應該在你做出要求或簡報之前，就先把這些相似性先說出來。

33 說服也有「姓名學」？

改編自英國電視喜劇《辦公室笑雲》（*The Office*）的美國版本中，經理麥克．史考特發現他那阿諛奉承的屬下杜懷特．史路特背著他去說服上層主管，把麥克的位子讓給他。為了編出理由離開辦公室，他告訴麥克要去看牙醫。當杜懷特回到辦公室時，麥克問他牙醫怎麼說？杜懷特不知道麥克已經掌握了他的「政變」舉動，開始編起故事：

麥　克：嘿！你剛補完牙的幾個小時內應該不能吃東西吧？！

杜懷特：（大力嚼著糖果）……，現在有一種新的快乾黏合法。

麥　克：是嗎？聽起來好像是個不錯的牙醫。

杜懷特：是啊。

麥　克：他叫什麼名字？

杜懷特：（停了很久之後才說）艾伊。

麥　克：你牙醫的名字叫做艾伊？

杜懷特：沒錯。

麥　克：呃……，聽起來真的很像牙醫。

杜懷特：或許他就是因為這樣才當牙醫的。

這種『因為名叫「艾伊」所以當上「牙醫」』的解釋非常荒謬愚蠢，不過，最近有研究顯示，杜懷特的這種說法可能有事實依據。在前一章裡，我們討論了人們對於跟自己有某些地方相似的人，會有比較正面的感覺，同時也會比較容易答應他們的要求，這甚至包括非常表面的相似，例如：發音相近的名字。但我們的名字真的能影響改變一生的重要決定，例如：職業或居住地點的選擇嗎？

根據行為科學家沛爾漢（Brett Pelham）及其同事所進行的研究發現，上述的答案是肯定的。他們說，人們對名字相關事物的偏好，的確會影響重大的人生決定。根據這些研究人員的說法，蘇西選擇在海邊賣貝殼的工作[譯註1]，或是彼得．派普撿取醃胡椒（Peter Piper pick pecks of pickled peppers）[譯註2]，都是有原因的，人們會被名稱跟自己名字相近的工作所吸引。

為了測試這個想法，沛爾漢先列出念起來像是牙醫的名字，例如：丹尼斯[譯註3]。根據人口普查資料，丹尼斯這個名字是美國常見男子名的第四十名，第三十九名是傑瑞，第四十一名是華特。接著，沛爾漢繼續搜尋美國牙醫協會的名錄，檢視上述三個名字當上牙醫的人數。如果名字不會影響人們追求哪一職業，那麼，在牙醫領域中使用這三個名字的比例應該是差不多的。

沛爾漢及同事的發現可不是這樣。經過全國性的搜尋後，發現有二百五十七位牙醫名叫華特、有二百七十位叫傑瑞，而叫做丹尼斯的牙醫卻高達四百八十二位。這代表牙醫叫做丹尼斯的比例要比原先預期（名字的相似性並不會對職業的選擇造成影響）高出八二%。同樣地，名字開頭是Geo的（例如：「George」、「Geoffrey」）也有較高的比例從事地球科學（geosciences）方面的工作，例如：地質學研究。事實上，光是名字的第一個字母都可能影響其職業的選擇。比方說，他們在研究中發現，五金店（Hardware store）的老闆當中，名字以「H」開頭的比「R」開頭高於八〇%；而屋頂工人（Roofer）的名字由「R」開頭的比例比「H」開頭高出七〇%。當然，假設你去訪問一千個名字以R開頭的屋頂工人，詢問他們的名字是否影響了職業的選擇，這裡面可能有一半的人認為你瘋了，另一半則是覺得你很蠢[1]。

人們受到與自己相關的事物所吸引，不僅只展現在職業的選擇上，還包括了居住地區的選擇。再舉幾個沛爾漢的研究發現：

1. **人們會搬到跟自己名字相似的地方**。例如：叫做佛羅倫斯的會搬到佛羅里達州的比例高過於其他名字；叫做路易斯的人，搬到路易斯安那州的比例也高過於其他名字。

2. **人們會搬到包含自己生日數字的城市**。如：名字裡有「二」這個數字的城市

（如：明尼蘇達州雙港市），出生於二月二日的居民比例高過於其他日期；數字有三的城市（如：蒙大拿州的三叉市），在三月三日出生的比例也高過於其他日期。

3.人們會選擇住在跟自己名字相關的街。換句話說，華盛頓先生比傑佛遜先生更可能會搬到華盛頓街去。

4.人們會選擇跟自己姓或名發音相近的人結婚。在其他條件大致平等的狀況下，如果艾瑞克、艾莉卡、查爾斯都是第一次見面，則艾莉卡與艾瑞克擦出愛情的火花的機率，大於查爾斯。

5.當人們被要求以感覺跟直覺作答的時候，會比較喜歡跟自己名字第一個字母相同的商品。因此，某個叫做 Arielle 的人會比 Larry 更可能將 Aero 巧克力棒放在她的清單之首，而 Larry 可能比較喜歡 Lion Bar 巧克力棒。

當公司要為大眾市場商品命名時，可謹記本研究的啟示，避免較不常用的字母，例如：「Z」、「X」以及「Q」。但是，如果你是為某個特定顧客量身設計程式、新做法或商品，就可以善用人們「受到跟自己有關的事物吸引」的天性，在取名字時特別利用這一點。例如：以顧客的名字為基礎，甚至是以顧客名字的第一個字母作為名稱。比方說，如果你要向百事可樂推銷一個策略，把它叫做「百事提案」或甚至叫做「彼得森計畫」可能會比其他無關的名字更有效。只要這個計畫真的是為顧客量身訂作，這樣的策略不但可以成功，而且沒有成本。

同樣地，如果你不知道該如何能讓孩子對閱讀產生興趣，或許可以找一本跟她名字有共通點的故事書（例如：叫做哈洛或哈麗特的孩子，就可以給他們看《哈利波特》），或許可以讓她們眼睛為之一亮。或者，如果小愛迪或艾咪非常害怕看牙醫，你可以在電話簿找找看，能不能找到一個叫做「艾伊」的牙醫。

譯註1　貝殼的英文「seashell」發音與蘇西「Susie」相近。
譯註2　牙醫的英文是「dentist」，與男子名「Dennis」發音相近。
譯註3　此為英文繞口令。

1　在我們最近舉辦的一次研討會中，正好有個這樣的例子。一位與會者急忙地想要反駁名字跟職業之間的相似性，他說：「我有一個叫做丹尼斯的朋友，他就不是牙醫啊！」另外一位成員問他丹尼斯的職業是什麼，他嘆了一口氣，回答說：「事實上，他是做拆卸工程（demolition）。」有趣的是，恰巧開頭也是「D」。

34 那些服務生教我們的事情？

不管是與顧客共進午餐談生意，或與家人朋友聯繫感情，餐廳都在我們的工作及個人生活中扮演了不可或缺的角色。在這樣的場合裡，我們可以與用餐夥伴互動，因而收穫許多；但其實還有另一群人可以給我們不同的收穫，提供我們最棒的點子，這群人就是整天都希望得到最多的小費（tip），但卻很少有人要求他們貢獻一些點子（tip）。

這群人就是服務生。他們可以教我們許多關於增強說服力的事。舉個例子，大多數的服務生都知道一件事情，在幫點完餐後，立即複誦點餐內容，會得到比較多的小費。我們都曾遇過許多服務生在點餐時，被動地說：「好」，更糟糕的是連吭都不吭一聲。因此，服務生重複我們點的餐點，讓我們不用擔心點了吉士堡會送來雞肉三明治，這樣的服務當然會是我們比較喜歡的。貝朗（Rick van Baaren）的一項研究測試了這個想法，他們想確認服務生在顧客點餐後重複他說的話，是不是真的能增加小費。而另一組則是，不對顧客的話多做回應、不點頭、也不說「好」，只是一字一句重複顧客說的話。此項研究結果發現，在點餐後一字不漏地重述顧客說的話，小費增加將近七〇%。

為什麼完全反映另一個人的行為，會引起對方如此慷慨的回應?或許這跟我們的天性有關：我們喜歡跟自己相似的人。事實上，研究學者查特蘭（Tanya Chartrand）及巴爾（John Bargh）曾指出，仿效他人的行為會產生好感，並能增強兩人之間的聯繫。在一項實驗中，研究人員設定一個狀況，讓兩人有簡短的互動（其中一位該研究的助理）。在一半的個案中，研究助理會模仿另一位參與者的姿勢跟行為。換句話說，如果參與者坐著雙手抱胸，腳輕輕拍著，研究助理也會抱胸坐著，並輕拍腳。在另外一半的案例中，研究助理不會模仿對方的行為。

研究人員發現，被模仿的參與者比那些沒有被模仿的人更喜歡對方（也就是研究助理所扮演的角色），也會覺得雙方的互動比較順暢。同樣地，服務生一字不漏地重複顧客的用詞，也是基於「好感」原則而讓小費激增，意即引發我們想要對喜歡的人做出好的事情，或答應他們的要求，或給予小費。

研究學者麥道斯（William Maddux）及其同事進行了另一組實驗，檢視這一流程在「談判」領域是否也能奏效。他們假設，在談判期間模仿對方的行為可能會產生比較好的結果，不只是對模仿的一方有利，而是對雙方都有利。在一項實驗中，部份企管所的學生被指示要在談判期間細微地模仿對方（也就是說，如果對方往後靠在椅背上，你也要這麼做），另一組則是完全不模仿。結果，在「模仿組」裡有六七%會達成協議。而「不模仿組」呢？只有十二．五%達成協議。綜合此實驗的各項資料，研究人員做出結論：行為的鏡射可以增加信任，而信任感的增加通常可以讓談判者覺得自在，願意揭露更多細節，這些都是打破僵局、創造雙贏局面所必須的。

你可能也有個類似這樣的經驗，當你在跟團隊成員開會或跟對手談判時，可能發現自己的動作或是姿勢跟對方很像，遇到這種狀況時，大多數的人會趕緊換個姿勢，避免讓對方覺得是在模仿他。換句話說，大家都認為模仿對方的行為是不正確的。這項研究也告訴我們，事實正好相反：模仿對方的行為可以為雙方創造出更好的結果，或者至少不需要對方付出代價才能讓自己獲益。

這些研究發現還可以應用在其他地方。例如：如果你在業務或顧客服務領域工作，你就可以透過重複顧客的語言來建立初步的信任，不管那句話是一句問句、抱怨，甚至是命令。

我們其中一位作者最近受邀為客服中心檢視電話錄音，正好有個例子呼應了上述研究結果。一位憤怒的顧客打電話進來，要求跟經理講話，因為該公司原本承諾的事情沒有做到，讓她非常生氣。

客服人員回應道：「我很抱歉讓您這麼不開心。」

顧客提高聲調回答：「我不是不開心，我是很生氣！」

「是的，我可以聽得出來您很困擾。」客服人員說。

「困擾？什麼困擾？我不是困擾，我是生氣！」顧客大叫。

雙方的對話馬上演變成為一場意氣之爭，顧客對客服人員不願意承認她很「生氣」越來越抓狂。如果此時只是重複顧客的用語，可能會有完全不同的結果。「我很抱歉聽到您說很生氣。我們是否可以一起做些什麼，來解決這個問題呢？」這可能是比較好的回應方式，如果想要跟顧客建立更好的支持及關係時，則應好好運用這種方式。

這個故事的啟示是什麼？我們可以觀察點餐的服務生與顧客互動的狀況，從中學習許多關於「如何影響他人」的技巧。有句話說，模仿是最高形式的恭維，但我們從本章的研究中知道，模仿也是說服的最基本形式之一。

35 微笑的說服威力

俗語說：「笑臉迎人，和氣生財。」我們都聽過微笑之於服務的重要性，但這個微笑是否跟下一個一樣？你的微笑是否會對其他人產生正面的效果？

社會科學家葛蘭帝（Alicia Grandey）及其同事想要瞭解不一樣的微笑方式是否會影響顧客滿意度的多寡。但在這之前，曾有學者研究過，人們可以辨別「真誠」跟「不真誠」的笑容，葛蘭帝以此為基礎，要求參與者觀看一段影片，內容主要是有關飯店櫃檯員工與即將入住旅客的對話，並要求參與者假設自己是影片中的那位顧客，會給多少的滿意度。

而影片的內容，主角是兩位喬裝成顧客和飯店櫃檯人員的演員，他們對話全都一樣，唯一的不同是，扮演櫃檯人員的一方在演出說明有些微差距。在第一個版本裡，櫃檯人員被要求以正面的態度面對顧客，也就是朝如何讓顧客感覺更好來演出——這是真誠的狀況。另一個版本是，被要求在與顧客互動的過程中必須面帶微笑——這是不真誠的狀況。

研究人員再將櫃檯人員的表現區分為好跟壞兩種。第一個發現是非常明顯的：當飯店員工表現好的時候，會得到參與者較高的滿意度。第二個發現則是，當服務差勁時，真誠的笑容在滿意度上並沒有太大的差別。不過，當員工表現良好時，觀看「真誠笑容」版本的參與者所表示的滿意度，高過於觀看「不真誠笑容」版本的參與者。

第二個研究是在比較自然的環境中，研究人員隨機選擇餐廳客人，調查他們對於服務人員的滿意度。客人也同樣被要求評估他們認為服務生對他們的正面態度是否真誠。這個研究結果也跟其他結果一致，認為服務生正面態度較真誠的，也會對他們的服務比較滿意。

這個研究結果顯示我們的老諺語需要做些調整：「你笑，世界也會跟著你笑！」如果你假笑，跟你打交道的人可能會皺上眉頭回報你。那麼，我們如何能擁有（並且鼓勵他人擁有）更為真誠的正面經驗？

對於以服務導向的企業而言，可行的方法之一就是為員工提供情緒管理訓練，協助他們妥善地調節及振奮自己的心情。畢竟，如果強迫不開心的員工向顧客微笑，很可能變成沒有品質的互動，最終還是會降低顧客的滿意度。但這一類的情緒訓練通常需要花很多時間跟成本。

我們可以採用第二種方法，也是更為普遍的方法，遵循富蘭克林（**Benjamin Franklin**）的智慧：「尋找他人的優點。」大多數的人都花太多的時間在尋找他人的錯誤，如果能試著瞭解對方的個性，挑出喜歡的部份，可能會讓我們更喜歡他們一點，他們也會因而更喜歡我們。簡單來說，大家都先伸出友善的手，用這個方法跟主管打交道，也會很有收穫。舉例來說，我們其中一位作者的朋友，長期跟主管處於緊繃的狀態，甚至已經到了很少用正眼看對方的地步。某天，她決定要採用富蘭克林的建議，才明白一件事情，即使主管在辦公室的表現很不盡人情，但是對於家庭的付出卻是不遺餘力，讓她打從心底佩服。她開始一次一點點地將焦點放在這個特質上，結果發現自己開始慢慢喜歡他了。有一天，她發自內心地告訴主管，非常欽佩他為家庭的奉獻。結果出乎意料，第二天，主管主動對她透露某些資訊，而且是非常受用的顧客訊息。她很確定，這個行動是過去前所未有的。

36 越稀有，就越有說服力

二〇〇五年四月二日傍晚，當教宗若望保祿二世的死訊傳出之後，奇怪的事情發生了。大批人潮湧入紀念品店，購買各式各樣的紀念商品，例如：馬克杯、銀湯匙等。這個行為似乎找不到合理的解釋，如果這些人是趁機購買擁有若望保祿二世肖像的小飾品，似乎還可以理解，因為他們想要擁有一個紀念品來懷念這位先人，奇怪的是，這兩者一點關係也沒有。這蜂擁而上的現象並不是發生在梵蒂岡或羅馬，也不是義大利，而是在幾千哩遠以外的地方，但是，這奇怪的購買行為的確是受到教宗死訊的影響。

若望保祿二世一直是推倒共產主義的重要力量，從消費主義到墮胎等議題上，他也有著相當的影響力，但他跟馬克杯有什麼關係？準確的說，是皇家紀念馬克杯，紀念查爾斯王子跟卡蜜拉於二〇〇五年四月八日星期五在英國溫莎舉行的婚禮。事實上，被瘋狂搶購的不只有咖啡杯而已，茶器、銀湯匙、桌巾、滑鼠墊，以及鑰匙圈都成了紀念品獵人的目標。為什麼會造成如此的風潮呢？

原來，梵蒂岡在二〇〇五年四月四日禮拜一宣布，教宗若望保祿二世的葬禮將在下一個禮拜五於羅馬舉行，也就是查爾斯王子預計舉行婚禮的那一天。為了表示尊敬，也為了讓查爾斯王子參加葬禮，皇室迅速重新安排婚禮日期，順延一天到星期六。結果，溫莎的每一家紀念品店裡的存貨，全都印錯了日期。有人嗅到這其中可能有利可圖，因此開始大量收購日期錯誤的紀念品，心裡盤算著要將這些即將變得稀有的物品拿去拍賣。

當購買這些印錯日期紀念品的消息傳開來，就吸引了更多的紀念品獵人前往尋寶，店裡的存貨很快銷售一空。一群已經抵達溫莎準備報導皇室婚禮的記者們，詢問那些手提著好幾袋紀念品離開的人，是否本來就會買這些東西。令人驚訝的是，大部份的人都說不是。這些紀念品獵人並不是被馬克杯的需求或商品品質所影響，甚至不是因為這些紀念品跟皇室活動的關連。說服他們購買的是一個簡單的事實：上面的日期印錯了，因此很有可能在未來會變成值錢的東西。

在過去五十年來，關於說服的科學研究已經一次又一次推論出「稀有且獨特的物品所產生的價值」。當我們知道某項商品是稀有、限量或是限期推出時，我們會更想要擁有它。在皇室紀念品的案例中，人們可能會假設，店家會因為日期不正確而將所有的紀念品全數丟棄。諷刺的是，婚禮在近年來已經不是最受歡迎的皇室活動了，當紀念品店在幾天後重新推出正確婚禮日期的紀念品時，擁有錯誤日期紀念品的人反而多過於擁有正確日期紀念品的人。結果，原本假設會變得比較稀有的錯誤日期紀念品，結果反而比較多，價值也因而較低。

不過，還是有些買家具有遠見，他們在幾天後又回到紀念品店，買了印有正確日期的紀念品。他們知道，有鑑於搶購風潮，最稀有的應該是整套的：一個印有錯誤日期的馬克杯加上一個印有正確日期的馬克杯。

這給予我們什麼樣的啟示，有助於提升說服力嗎？如果你是一個生意人，應該要提供資訊給顧客，說明哪個商品或服務是真正稀有而獨特的。也就是，指出競爭對手所沒有的特色，才能有效地說服顧客上門。同樣地，如果告訴同事：「我們並不是常有機會能參與這樣的計畫。」他們可能會因為這種獨特性而願意幫助你完成專案計畫。如果告訴家庭成員，你的時間與協助是稀有且逐漸減少的，他們也會有更正面的回應。只要簡單而誠實地指出你商品、服務、時間，以及協助是有限的，就可以在這些事物擁有更高的價值，讓人們對於你以及你所提供的一切更加感激。而且，我們也比較容易答應我們感激的人的要求。

有相當多的科學研究都有類似的結論，證實稀有性對我們決策的影響威力。我們可以在日常生活中看到稀有性原則的運作。在最近幾年，即使是「節日精神」都變得稀有，現在聖誕節只看到父母在店裡搶奪著所剩無幾的遊戲機。在英國，二〇〇〇年夏天的石油存量引發某些非常特殊的行為，人們爭先恐後地要取得數量非常有限的燃料。另外一個例子是英國航空，它在二〇〇三年二月宣布永遠停飛協和號超音速客機（Concorde），該飛機的機位銷售狀況一反常態地爆增。二〇〇三年十月，想到即將失去這樣東西，數千人把車停下來，占據了高速公路，只為了看協和號的最後一次起飛，而這景象是過去三十多年來，每天都可以看到的。

我們在日常生活中，都曾有過稀有性原則的心理效果。不過，在一個比較無形的領域中，此原則會發揮微妙作用而且非常有威力——「資訊」。研究結果顯示，獨家的資訊被視為更有價值、更有說服力。例如：在一份由研究員可尼辛基（Amram Knishinsky）所進行的研究中，牛肉批發商在被告知澳洲牛肉可能因為當地天氣不佳而短缺時，訂單上揚了一倍以上。這清楚地展現了物品本身稀有性的效果。除此之外，當那些批發商被告知二個一般大眾無法取得的獨家消息時，訂單整整爆量到百分之六百！

這些發現提供了清楚的意涵及應用，可以讓你的要求更有說服力，讓更多人能夠接受你的要求。如果你傳遞一項獨特資訊，但卻沒有向對方指出獨特性，可能就會白白喪失一個有效及具有道德影響力的絕佳機會！

37 你可以從「失去」中「得到」什麼？

在一九八五年的四月二十三日，可口可樂公司做了一個重大的決定，這個決定後來被《時代雜誌》稱為：「近十年來的行銷大失敗」。由於在調查數據中看到較多人喜歡甜度較高的百事可樂，於是可口可樂宣布停產傳統配方的可口可樂，並以較甜的「新可口可樂」取代。相信很多人都記得那一天，在此借用一篇報導：「可口可樂公司未能預估到這一行動所導致的挫敗及憤怒。由班哥到伯班克、由底特律到達拉斯，數以萬計的可口可樂迷群聚謾罵新可口可樂的味道，要求恢復生產傳統配方的可口可樂。」

結合憤怒及渴望的最極端代表是穆林斯（Gay Mullins），一位來自西雅圖的退休投資人，他建立了美國老可口可樂迷協會，因而成為全國知名的人物。這是一個廣為散布的團體，奮力爭取傳統配方回到市場，並使用各種文明的、司法的，或立法的手段。例如：穆林斯曾成立了一熱線電話，讓民眾可以發洩他們的憤怒、表達他們的感受，這熱線總共接到六萬通電話。他發送幾千個「反新可口可樂」的徽章以及T恤。他甚至還嘗試要告可口可樂，只是很快就被聯邦法官駁回。最耐人尋味的一點是：穆林斯先生在未提示的口味測試中，偏愛新可口可樂的味道盛過於傳統配方，要不然就是無法分別兩者的差異。

請注意，對穆林斯先生來說，「比較喜歡的」反而比不上「他覺得自己失去的」要來得有價值，稍待再來討論這一點。另一個值得注意的是，即使對消費者的要求妥協，恢復生產舊口味的可口可樂，主事者還是對消費者的反映感到苦惱、迷惑。當時公司總裁基奧（Donald Keough）談到消費者「對於舊可口可樂的頑強忠誠度」時，曾經如是說：「這是一個奇妙的美國謎團，一種可愛的美國之謎。你是無法衡量的，就像你無法衡量愛、驕傲，以及愛國心。」

我們可不同意這種說法。首先，這根本就不是祕密或謎團——只要你瞭解稀有原則的心理，尤其是它對人們「失去某項既有東西」的敏感度造成的影響。像可口可樂這種與全球消費者的歷史及傳統有緊密關連的商品，這一點尤其明顯。

第二，可口可樂迷的這種自然傾向不但可以衡量，而且我們認為可口可樂本來就已經衡量了，尤其是在他們自己的市場調查裡。在他們做出這場不名譽的改變之前，這些資料就已經在他們眼前了，只是在解讀這些資料時，沒有好好地考慮社會影響力等種種因素。

可口可樂公司對市場研究一點也不小氣。他們願意花幾百萬來為新商品做了正確的市場分析。在他們決定要更改為新可口可樂前，在一九八一至一九八四年期間非常小心地在二十五個城市，對將近二十萬人進行新舊口味測試。這些口味測試大多是未經提示的測試。他們在這些測試中發現，民眾對於新可口可樂的偏好明顯多過於舊可口可樂（五五％對四五％）。另外，有些測試是事先提示的測試，告訴測試者哪個是新口味？哪個是舊口味？在這種狀況下，對於新可樂口味的偏好度又增加了六％。

如果是這樣，為什麼在推出新可口可樂時，消費者又說他們偏好舊口味呢？唯一可以解釋的理由就是運用稀有性原則來解答：在口味測試期間，新口味是人們買不到的，因此當他們知道哪一個是新配方時，會對「別處買不到」的那一方表達強烈的偏好。但是等到新配方取代了舊配方之後，買不到的就變成舊的可口可樂了，因此大家反而懷念起傳統的可口可樂。

因此，對於新可樂的六％偏好就在公司的研究記錄中，顯示未提示的口味測試跟提示的口味測試結果不同。問題是，他們將這個現象做了錯誤的詮釋：他們可能會對自己說：「喔！太好了，這代表當人們知道那是新口味時會更想要購買。」但事實上，那六％的人是因為知道當時在別處買不到，對它的偏好才會提高。

將傳統的舊配方可樂全面停產，比單純的「買不到」更有威力，這對一輩子都在喝可口可樂的人來說，是真正失去了某項他們一直擁有的東西。對於「可能失去」的敏感度高過於「可能得到」的傾向，在社會科學中已有強力的證明。行為研究學家卡尼曼（Daniel Kahneman）及特維斯基（Amos Tversky）是第一個檢視「損失厭惡感」（loss aversion）的概念並發表論文的人。這可以相當程度地解釋人類行為，包括：財務、決策、談判以及說服等領域。

例如：損失厭惡感的案例之一就是，沒有經驗的投資人過早賣出有賺頭的股票，因為他們不希望失去已經賺到的部份。同樣地，想要避免任何可能的損失，也會促使這些投資人持續抱著那些從買入後，股價就一直下跌的股票。因為如果在當時就賣出股票，就得正式認列投資的損失、無法改變了。許多投資人不願意這麼做，因此就決定繼續保有股票，但之後股價還是會再進一步的下跌。

由行銷的觀點來看，「損失厭惡感」也是非常重要的。一般來說，行銷人員和廣告人都會聚焦在對潛在顧客溝通商品的利益。為了做到這一點，他們通常會以「消費者可能會從商品中得到什麼」來設計訊息。不過，在這樣的狀況下，他們可能會損失一個機會，無法以更有說服力的方式來呈現訊息——告訴溝通對象，他們可能會「損失」什麼。與「請把握機會嘗試我們的新商品，現在可享二〇%折扣！」這樣的訊息相比，「不要錯過這個以二〇%折扣享用新商品的機會！」可能會更成功。特別是後者，等於向溝通對象指出這個優惠條件具有某種稀有性，例如：限時的，如果不把握的話，有可能會喪失以現在這一折扣購買商品的機會。

同樣地，如果你希望說服同事跟你一起執行某個專案，不只要表明他們在專案中可以得到的機會跟經驗，同時也要表達他們在這些因素上的可能損失。事實上，由社會科學家薛利（Marjorie Shelley）進行的一項研究顯示，在經理人的決策中，涉及「潛在損失」的比重超過「獲得」許多。比方說，假設你有一個點子，如果採用這個點子，將會為部門省下十萬英鎊的成本。建議你不要將這個點子包裝成「省錢」的點子，如果將它包裝成「如果不採用這個點子，公司將會浪費十萬英鎊」，可能會更有說服力。

「失去」的概念在我們接收的訊息裡也有著明顯作用。加州大學的研究人員在一項針對當地公用事業公司進行的研究發現，由研究人員假扮的客服代表在向顧客推銷能源效率改善器時，如果是告知顧客：「如果不使用，每天會繼續流失五十美分」的成功機率，要比告知「每天可以省下五十美分」的高出三倍。請注意，在這個案例中，兩個訊息裡並沒有經濟上的差異，一樣都是提到五十美分；但以「失去」為設計基礎的訊息所產生的心理影響，卻讓說服力提升了三倍之多。

另外，請務必要記得，不要過度使用這個策略。例如：有些不老實的談判人員（或汽車業務員）會等到快達成最後共識時，突然說出「要不要隨便你」這句令人不快的話語，因為他們清楚地知道對手可能不願意就此放棄，畢竟，此時放棄就代表之前投注的時間、努力都會付諸流水，如果你發現跟你談判的業務人員以這種方式操弄你的「損失厭惡感」，別忘了適時讓這位業務人員吃點小虧。

38 強化說服力的神奇字眼

我們要去拜訪魔法師
神奇的歐茲魔法師……
因為！因為！因為！因為！因為！
因為他做了許多奇妙的事！

一九三九年，電影《綠野仙蹤》（The Wizard of Oz）是根據包姆（L. Frank Baum）所編著的童話書改編，一直是家庭最喜愛的經典名片之一。我們都很熟悉桃樂絲以及她的朋友稻草人、機器人、獅子沿著黃磚路進行的冒險之旅。歐茲魔法師顯然成功地說服了他們，他是值得拜訪的。但這四位旅者在沿路上所唱的歌曲可以給我們什麼啟示，幫助我們成功地說服其他人遵循我們為他們鋪好的路？

首先，讓我們思考一下排隊這個行為。當你在銀行、超市或遊樂園，「排隊等待」可能不是什麼有趣的事情。當大家都想要儘快輪到自己的動機下，什麼樣的狀況你會願意答應別人插隊？本書的中心思想是，在做出要求時施以一點點小改變，通常可以引發驚人的大成果。但有可能只說一個字，就能改變他人同意你的機率嗎？

答案是肯定的，而那個神奇的字就是「因為」。行為科學家藍澤（Ellen Langer）及其同事曾測試這個字的說服力。在其中一項研究中，藍澤安排一個陌生人接近某個正在排隊等著使用影印機中的人，對他說：「對不起，我只有五頁要印，可以先讓我先影印嗎？」一面對這種直接的插隊要求，有六〇％的人會答應。不過，當陌生人多加上一個理由時，例如：「可以讓我先影印嗎？因為我很趕？」幾乎有九四％的人都會同意。這種比例上的暴增可能不會讓人感到訝異，畢竟這個理由讓插隊的要求更為合理。

這項研究最有趣的部份是，藍澤測試的另一種要求。這一次，陌生人還是使用「因為」這個字，但後面接的是，一個完全沒有意義的理由。他會說：「可以讓我先影印嗎？因為我必須要影印？」因為你必須要影印？你當然是要用影印機影印啊！總不會要用影印機削鉛筆吧？儘管陌生人提供的理由非常的空洞，不過因為這個理由而同意插隊的人數，跟有正當理由而同意你插隊的比率相近，約九三％。

影印機實驗證明了「因為」這二個字，具有非常獨特的激勵性影響。而這二個字的說服力來自於持續強化的連結，連結了介於「因為」跟通常會在此詞後面出現的一個「好理由」。（例如：「……，因為這會幫我得到晉升」、「……，因為我快沒有時間了」、「……，因為英國代表隊有全世界最棒的前鋒」。）

當然，就跟其他許多事情一樣，「因為」這個字也有它的限制。在影印機案例中，不管接在「因為」後面的理由是不是很糟糕，同意的比例卻是一樣高，但那樣的要求相對是很小的——他只要求影印五份。為了檢視這個字是否適用在較大的議題上，藍澤又設計了另外一組實驗狀況。要求插隊的人告訴參與者，她需要印二十份。使用過影印機的人都知道，每多印一張，影印機卡紙的機率就越高。換句話說，參與者如果答應這種較大的要求，有可能讓自己的權益受到影響。

這一次，當陌生人沒有使用「因為」一詞時，同意的比例為二四%；但給了差勁理由的呢？例如前述的「……，因為我要影印」這類差勁理由？這種方式在同意率上完全沒有增加。不過，如果在較大的要求中附上一個好理由呢？（例如：「……，因為我很趕」）同意比率是原來的一倍。綜合這些結果，我們可以由這項研究中知道，當風險很低時，人們比較願意採取心理捷徑來決定做出什麼樣的行為，其實並沒有真正思考此一議題。然而，當風險很高時，人們通常會對要求者的理由好好思考一番，再決定要如何回應。

這些發現提醒我們，永遠都要在提出要求時，加上一個堅強的理由，即使你認為理由非常明顯。比方說，當你要跟顧客敲定會議，或邀請同事一同合作新的專案，一定要說明為何要如此要求。或許你在主題的表達上，意圖非常明顯，但是有時候我們經常會錯誤地假設別人都瞭解我們在做此要求背後的理由，但其實這是有落差的。

這樣的策略也可以在家裡發揮效果。與其要求你的小孩「現在到桌子這邊來吃晚餐」或是「現在立刻上床睡覺」，更有效的策略是提供你要求他們做這件事的理由，而不只是說「因為我叫你這樣做！」

另一個要注意的地方是，「因為」這個詞會有雙面的效果。你應該要設法讓人們對你說「因為」。比方說，假設你在一家資訊科技公司上班，你的長期顧客可能習慣跟你們公司合作；但每經過一年，繼續跟你們公司合作的理由就越來越不明顯，或者可能更糟，甚至於對方根本忘記為什麼要繼續跟你的公司合作。結果，你的生意可能會受到競爭對手的攻擊。

如果要強化與顧客的關係，有效方法之一就是讓顧客公司的主要決策者產生與你們往來的理由。這可以透過回饋調查的方式達到，在調查中要求顧客描述他們為什麼想要跟你的公司合作。梅歐（Gregory Maio）及其同事的研究顯示，這樣的做法會提醒顧客，他們選擇跟你的公司合作是理性的選擇，而非習慣而已，如此可以強化顧客對你公司的承諾感。換句話說，讓人們對你說「因為」，那麼他們也會像桃樂絲跟她的夥伴一樣，對你唱起輕快好聽的歌曲。

39 為什麼「列出所有理由」會變成一場災難？

「首先，不能傷人。」這是希波克拉底誓言（the Hippocratic oath）最開始的一句話，主要應用在醫療從業人員對病人的義務，但它也同樣可以用來說明廣告主在推銷自家商品時的義務——至少不應該傷害商品或服務的業績。但一個以善意為出發點的廣告文案，怎會反而把潛在消費者推向競爭對手的那一邊呢？

我們在前一篇提到，讓人們產生對某種地位的好感或偏好，可以有效地強化他們對於那個地位的信念。如果我們將這種想法應用在廣告上，鼓勵消費者選擇我們商品或服務的最多理由，應該是「明智」的吧？不過，最近的研究顯示，在某些狀況下，這個策略可能會發生反效果。

想像你將買一台高級新車，並且將選擇範圍縮小到ＢＭＷ或賓士。你打開雜誌，看到ＢＭＷ的廣告是這麼寫的：

「ＢＭＷ或賓士？選擇ＢＭＷ的理由有很多，您能列出十個嗎？」

在汪奇（Michaela Wanke）及其同事所進行的一項研究中，一群企管系的學生看到上述這則廣告。在同一所大學裡的另外一群企管系學生則是看到另一個稍微不同的廣告，上面寫著：

「ＢＭＷ或賓士？選擇ＢＭＷ的理由有很多，您能列出一個嗎？」

之後，參與者被要求說明他們對於ＢＭＷ及賓士的看法，包括他們未來購買其中一種的興趣如何。結果非常明顯：與「要求讀者列出一個理由」的廣告相比，「要求讀者列出十個理由」的那則廣告，實驗者對ＢＭＷ的評價較低，而對賓士的評價較高。

是什麼造成這種反效果？研究人員解釋，這一研究的參與者將他們對於ＢＭＷ的評斷基礎，建立在他們「有多容易可以列出支持此一品牌的理由」。當他們被要求提出一個理由時，相對比較容易；在面對要列出十個的任務時，就變得比較難了。因此，參與者沒有使用他們產生理由的「數目」來作為評估的指標，而是運用產生理由這一流程的「難易度」來判斷。更普遍來說，心理學家將這種經歷某事的容易或簡單程度稱為那一經驗的「流暢性」（fluency），等一下會再討論此一概念。

從這項研究的數據顯示，如果你想要求對方列出數個理由來支持你的地位時，需要謹慎考慮他們是不是可以很容易做到這一點。如果這看來是相對困難的，只要請他們列出少數幾個即可。沿用這項發現，我們也可以發展出一個相當弔詭的策略：你可以走邊緣路線，邀請目標溝通對象列出偏愛競爭對手商品的大量理由。此時，要求他們找出理由的過程是困難的，兩相比較之下，你的商品、服務或做法看起來就會越好。

另一項研究也顯示，想像使用某一商品的難易度也會影響消費者的決定。由社會科學家派崔瓦（Petia Petrova）進行的研究證明，在鼓勵消費者想像自己經歷某一餐廳或假期目的地的愉快感受時，如果他們很容易就能想像出來，將會提升造訪該餐廳或目的地的欲望。

除此之外，各位也可以思考一下，你的商品或你期望目標溝通對象採取的行為當中，有多少程度對他們來說是新的或外來的。比方說，你可能想要說服消費團體購買你公司推出的全新商品。如果這個商品的技術特性非常複雜，在沒有完全解釋之前，這群人沒有使用這一商品的經驗，要這群準顧客想像自己實際在使用這項商品，可能會有點困難，反而會導致他們不太願意選擇這項商品。

關於這些研究發現的另一個重要應用領域是廣告製作。藝術總監通常都會擁有高度的自由，可以任意產生吸引目光或令人記憶深刻的形象，但在這樣的過程中，他們可能會創造出抽象的圖像，如此一來，反而會忽略這些抽象的事物會影響消費者想像自己使用該商品的能力。根據研究顯示，具體的圖像較抽象的圖像來得有效。建議在進行這類的決策過程時，可以搭配文案進行廣告前測或進行焦點團體，並從中調整與改善。

40 簡單就是力量

據說，摩根先生（J.P. Morgan）在某次會議中，曾被問到一個複雜的問題：「股市接下來會怎麼樣？」他只說了一個非常簡單的答案：「股市會波動。」簡單的力量如何幫助你，尤其是在為商品、專案或甚至公司命名時，該如何激發影響力？

根據社會科學家奧特（Adam Alter）以及歐本漢默（Daniel Oppenheimer）的研究，人們對於容易發音（具備高度流暢性）的字或名字有較多的情感。他們認為，人們對於易讀、易發音的公司名稱或股票代號會有比較正面態度；因此，公司名稱或股票代號越容易讀或發音，看起來就越有價值，也因此導致該股的股價上漲。

他們先在控制的條件下驗證這一假設。他們設計了許多的虛構股票名稱，這些名稱有的非常流暢、有的非常不流暢。他們告訴參與實驗的人，這些是真實的公司，並要求他們預估每一支股票的未來表現。結果非常明顯：參與者不只預估好念的股票（例如：Slingerman, Vander, Tanley）績效會優於其他幾支（例如：Sagxter, Frurio, Xagibdan），同時也預估前者的價值會升高，後者會下降。

接著，奧特及歐本漢默在現實世界中驗證這一假設。他們隨機選取八十九家在紐約證交所上市的公司，記錄這些公司在一九九〇到二〇〇四年公開發行價格。接著，他們檢視股票名稱的流暢性與股價在發行後一天、一週、六個月以及一年之後的數字。研究人員發現，如果某人投資一千元在十個名稱流暢性最高的公司，會比流暢性最低的十家公司獲得更高的報酬，不管是在哪一個時間區間內都是如此，而且在公開發行的一年之後，就有三百三十三美元的差距。此外，在另一份研究中，作者將紐約證交所或美國證交所的七百五十家公司區分為兩類，一類是股票代號可以發音的（例如：KAR）或是不能發音（例如：RDO），也發現類似的結果。

那麼，這樣的結果是建議各位趕快把手上的Mxyzptlk控股公司股票賣掉，換成Yahoo!的股票嗎？還是要你開除財務顧問，或是將你選股用的猴子或圓靶來個清倉大拍賣嗎？並非如此。不過，我們建議各位不要低估「簡單」的威力，即使是你賦予你公司、商品或專案的名稱。通常，人們過於聚焦於專案中看似更有影響力的部份，反而忽略了對目標對象溝通的第一個資訊——名稱。在其他條件相等的狀況下，越容易閱讀、發音的名稱，消費者、潛在投資人或其他決策者就越容易給予正面的看法。

同樣地，研究人員也發現，手寫訊息的說服力會受字跡品質的影響：字跡越差，說服力就越低。如同我們在前二篇所說的流程，這是因為讀者會誤將閱讀差勁字跡的困難度詮釋為訊息內容應該很困難。那麼，對於我們這些字跡不太好看的人來說，似乎有個容易且可以辦得到的解決方案：我們不能用打字的方式呈現要說服的訊息嗎？當然可以，但在那樣做的時候，又得提出另外一個警告：研究顯示，你的論點如果使用易於閱讀的字體，會被視為越有說服力。上述各種研究發現都在「人們如何選擇與他人溝通」這件事上，有一個共通的意涵。比方說，溝通者常會想要使用誇張、華而不實、多音節的長字贅言，換句話說，他們想透過使用不必要的長字或過度技術性的用語，讓自己看來夠聰明。看看以下的例子就知道了。這是刊登在二〇〇六年十月《紐約郵報》的內容，一位經理傳達給團隊的訊息是這麼寫的：

「我們將資產做最有價值的利用，運用策略聯盟來創造知識中心——使用領先市場的技術為每一家企業量身訂作人資系統。」

這段話顯然是在說「我們是一群顧問」而已。最近的研究也顯示，使用過度複雜的語言，例如上述這段句子，反而會為原本期待達成的目標招致反效果：因為溝通對象難以理解你所要講的話，以致那段訊息會被視為比較沒有說服力。

可惜的是，這類訊息太常出現在我們的生活之中，不管是在與企業溝通、聽取健康報告或是學生的論文中。根據史丹福大學的一項投票記錄發現，有八六．四%的受訪學生承認他們曾在學術論文中使用複雜的字眼，以便讓自己看起來更聰明一些。擾人的是，在英國一家顧問公司所做的研究中發現，有五六%的員工認為他們的經理跟主管沒有清楚地表達自己的意思，而且常會用一些無法理解的語言，使得訊息更加混淆。要避免這個問題的發生，其中一種方法就是先找一位與該專案無關的同事，跟他分享這一訊息，並請對方回饋，修正之後再將訊息發送出去。

41 押韻也可以增加影響力！

「密西根直送到府」（From Michigan State Direct to your plate）哪一家公司做了這樣的宣言，指的又是什麼？原來，這是漢斯公司（Heinz Corporation）為所生產的甜豆所做的廣告標語。這家公司是在一八六九年由海瑞．約翰．漢斯（Henry John Heinz）在賓州的夏普斯堡（Sharpsburg）所成立的，這家公司在成立之初是地區雜貨店的調味料供應商，最初是用馬車配送辣根，之後是醃菜，再之後是蕃茄醬。在一八九六年，漢斯注意到一個「二十一種款式的鞋」廣告，他想，自己的商品不是款式多，而是種類多。雖然他在當時生產的商品超過六十種，但他決定採用「五十七種類」的標語，因為他比較喜歡五跟七這兩個數字。他推出的「漢斯五十七種類」廣告標語沿用至今，此外還有許多著名的漢斯廣告，包括上述那則押韻的甜豆廣告標語。

這項商品是在一九六〇年代推出的，當時在英國電視上的廣告是這樣的：一位母親為兩個小孩準備晚餐，沒想到小孩卻帶了一群飢腸轆轆的朋友回來，小孩央求她說：「媽媽，莎莉、羅賓、傑佛瑞跟黛比可以留下來喝一杯茶嗎？拜託？」母親惱怒地看了孩子一眼，接著恢復慈愛慷慨的形象，走向櫥櫃拿出更多罐的漢斯甜豆。接著，廣告配樂會唱起：「百萬家庭主婦每天都會拿出一罐豆子，說豆子就是漢斯。」[編註1]

這些廣告的影響非常大，因而讓漢斯持續使用了三十年。事實上，當這一廣告在英國出現時，如果在街上隨機攔下路人，要他們接龍：「百萬家庭主婦每天都會拿出一罐豆子，說……」絕大多數的人都會毫不猶豫地接下去講：「豆子就是漢斯」。

漢斯廣告的神奇之處在於：它並沒有告知消費者該商品的任何特別屬性或利益，只是將商品名稱放到押韻的句子裡而已。在各式各樣的廣告策略中，為什麼漢斯會選擇使用押韻的訊息呢？部份原因可能是有押韻的廣告比較討人喜歡、容易記憶，而且也比較容易向其他人重述。但押韻的句子會不會看來也比較準確跟真實呢？

社會科學家麥格隆（Matthew McGlone）以及托費巴卡希（Jessica Tofighbakhsh）注意到「物以類聚」（birds of a feather flock together）這一類押韻諺語的普遍性，因此著手研究，檢驗押韻的句子是否看來比沒有押韻的句子還要準確。在這項研究之中，他們選了一些較不為人所知的押韻格言（參與者事先不知道），並創造出一些意義相近，但沒有押韻的版本。比方說，他們把較少見的格言「謹慎與適量將會為你贏得寶藏」（Caution and measure will win you treasure.）改為「謹慎跟適量會為你贏得富裕」（Caution and measure will win you riches.）；另外一個例子則是將「清醒時隱瞞的事，會在酒後全吐實」（What sobriety conceals, alcohol reveals.）改為「清醒時隱瞞的事，會在酒後全揭露」（What sobriety conceals, alcohol unmasks.）。

參與實驗者閱讀這一類的格言，並且以分數來表示對這句格言反映真實世界的程度。研究人員發現，即使所有的實驗者都堅決認為押韻不可能是準確度的指標，但在上述實驗中，他們的確給押韻句子較高的評分。

研究人員解釋，押韻的句子有較高的處理流暢性，代表這些句子在心智上處理是比較容易的。因為人們在評估準確度時，會以接收資訊的流暢度來作為認知的基礎（或部份基礎），因此，押韻的句子會被認定為比較準確的說法。

這一研究結果在日常生活上有許多應用。研究學者建議，當行銷人員及企業人士思考要採用什麼標語、座右銘、商標，或廣告歌時，最好能考慮使用押韻詞句，藉此增加觀眾對訊息的好感度，也會被認為是比較真實的。曾有人問一位資深廣告公司主管，如果一家公司沒有新東西公布，那應該談論商品的哪一部份？他的回答是：「如果你對你的商品沒有什麼好說的，那總可以用唱的吧？」

第二，父母可以借用這個啟示，善用韻律來對付每天重複出現的大挑戰——哄小孩上床睡覺。如果你念了一些幼兒押韻詩給他們聽，之後或許能比較順利地說服他們加入押韻詩的行列，「上床睡覺」囉（it's off to bed for sleepy head）。

押韻的威力甚至可以運用在法律場合中。事實上，這一研究的作者們指出一個不太名譽的押韻應用案例，其威力大到幾乎扳倒了正義的天平。在辛普森（O.J. Simpson）謀殺案審判期間，他的辯護律師柯克蘭（Johnnie Cochran）告訴陪審團：「如果手套不對，你一定要宣告他無罪！」（If the gloves don't fit, you must acquit!）考慮到押韻句子的微妙影響力，此研究的作者可能要質疑，假設柯克蘭換了一個句子之後，陪審團的裁定會受到什麼影響：「如果手套不符合，你一定會認為他無罪」（If the gloves don't fit, you must find him not guilty!）[譯註1]

編註1 「豆子就是漢斯」的英文是"Beanz Meanz Heinz"。

譯註1 辛普森案中有一手套是檢方認定辛普森涉案的物證之一。柯克蘭說明這一手套上顯示的證據與辛普森不吻合，因此向陪審團說了上述押韻的句子。

42 揮棒練習的說服啟示

想要更有說服力，我們可以從運動場學到不少啟示。比方說，在棒球比賽中，經常會見到球員在暖身前，在帽子上放一個有重量的環。根據球員的說法，重複搖擺一個比較重的帽子，在拿起球棒後會感覺比較輕。

上述效果背後的原則就是社會科學中所謂的「認知對比」（perceptual contrast）。簡單來說，我們對於物體特性的認知不是在真空狀態中得到的，而是在與其他物體比較時才知道。舉例來說，如果你要在健身房舉一個二公斤重的啞鈴，但是在此之前，如果你先舉五公斤再舉二公斤，就會覺得二公斤很輕；如果你先舉二公斤再舉五公斤，就會覺得五公斤很重。二公斤的重量自始至終都沒有改變，只是你對它的認知改變了。這個心理過程並不限於重量，幾乎所有的判斷都適用。在任何狀況中的模式都一樣：你先前的經歷會決定你對下一個經歷的認知。

社會心理學家托瑪拉（Zakary Tormala）以及派帝（Richard Petty）最近運用這些原則來呈現對比效果對說服力的影響。他們特別關注的是：人們認為自己對某事擁有的資訊量，會如何被其他事情的資訊量影響。這些研究人員要參與者閱讀一段具有說服力的訊息，這段訊息是關於一家叫做Brown's的虛擬百貨公司（目標訊息），在此之前先讀了另一虛擬百貨公司Smith's的說服訊息（前訊息）。所有參與者讀到的目標訊息都是一樣的——描述Brown's的三個部門。不過，研究人員改變了前訊息的內容，分為相對小的數量（一個部門）以及相對大的數量（六個部門），他們發現，當前訊息包含較多資訊時，目標訊息會被視為較沒有說服力的，對該百貨公司產生的有利態度也會比較少；如果前訊息包含的資訊非常少，結果則相反。看來，參與者覺得在得到Smith相對較少的資訊之後，會覺得自己對Brown's的瞭解比較多；反之亦然。這就是認知對比效果的作用。

研究學者繼續做進一步的研究，參與者在接收Brown's百貨公司的說服資訊前，先閱讀一點（或很多）關於車子（Mini Cooper）的說服資訊。結果跟之前的研究一致，同樣顯示，即使前面的資訊不那麼相關，也會對後來訊息的說服力效果造成影響。

這個概念也可以應用在銷售上。想像一下，你的公司有一系列的商品，你相信其中某項商品很適合你的潛在顧客，此時，你可以先用較短的時間討論其他商品，之後用較多的時間談這些目標商品的優點。這個概念也可以應用在價格上，我們已經在酒的實驗上得到印證。

值得一提的是，認知對比提供我們一個非常有效的說服方法。我們通常不會有這種餘裕去改變商品、服務或要求，這樣做太耗費成本跟時間了。但我們可以改變我們的商品、服務及要求被比較的對象。在此我們提供一個真實案例，居家修繕公司如果想要大幅提升頂級SPA池的業績，第一，誠實地告訴潛在顧客，購買該商品的買主回報說，擁有它就像是在家裡多了一個房間一樣；第二，請他們思考，在家裡另外蓋一個房間要花多少錢。畢竟，如果拿來跟建造一個房間的成本相比，七千歐元的SPA池一定便宜許多。

43 「超前」心理學

不管是一杯免費的咖啡、折價券、折扣飛機票，或是下一次假期的折價券，許多公司都會使用各種不同的誘因來增加顧客的忠誠度。最近的一項研究結果對於這方面提供了一些啟示，可以協助你設計最有效的忠誠計畫，讓他人對你的商品有更高的忠誠度，並對你提供的優惠更有興趣。

消費者研究學者努恩斯（Joseph Nunes）及德瑞茲（Xavier Dreze）認為，如果企業在獎勵計畫上讓消費者「超前」的開始，那麼消費者會對該公司有更高的忠誠度，更快達到兌獎的里程碑，而且也不需要降低達成獎勵所需的購買次數的門檻。

在其中一項研究中，研究人員對當地三百位洗車顧客發出集點卡，並告訴他們，每次來洗車時，就可以在集點卡上蓋一格。不過，集點卡的設計分為兩種：第一種設計了八格，蓋滿八格後可享有一次免費洗車，發出卡片時上頭都還沒有蓋章；另外一種則是，要蓋滿十格才能免費洗車一次，不同的是卡片上面已經事先蓋好兩格。這代表兩種卡片同樣都需要消費者自掏腰包洗八次車，才能得到獎品，但第二種看來已經讓集點行動提前開跑了。

每次顧客回來洗車時，員工就會在集點卡上蓋一格，並寫下洗車的日期。幾個月後計畫結束，研究人員由結果證明了他們的假設：在八格組的顧客中，有一九％的顧客達到免費洗車的兌換門檻；而十格組，即先在集點卡上蓋兩格的那一組，則有三四％達到。此外，十格組完成的洗車時間也比較短，比另外一組少了二．九天。

根據努恩斯及德瑞茲，將計畫設計的像是「已經開始，但還沒有完成」而非「完全還沒開始」會讓人們更有動機完成這一計畫。他們指出，人們越接近完成目標時，就會花越多的努力設法達成。研究數字也顯示了支持這一論點的結果：每次洗車的時間，都會隨著蓋章次數的增加而遞減，每次約減少半天。

這些研究發現除了可以應用到各式各樣的獎勵計畫外，也以運用在其他領域，例如：工作職場。如果你想要求他人幫忙，可以告訴對方，他其實已經開始朝完成任務前進了。比方說，如果你需要有人協助完成某個專案，這個專案跟對方過去曾經參與的專案相似，你就可以強調，基本上他已經開始克服完成此專案所涉及的複雜問題了。如果情況不是這樣，但你已在該專案上做了相當多的工作，你也可以強調這一任務已經幾乎完成三成了。

我們再舉另外一個例子。假設你是一個業務經理，而你所帶領的團隊距離應該要達成的業績目標還有很大的距離，但是你很清楚之後會有筆大生意進來，請不要將訊息掩蓋，意圖等到團隊沒有業績時才拿來備用。你應該要將這個訊息公開，讓成員們看到業績目標已經到達某種進度了。

老師跟父母也可以藉由如是的策略獲益。假設你的孩子老是不願意乖乖寫功課，你想要給他一點誘因：「每六週週末做完功課後，可以有一週不要做」。那麼，在這個獎勵計畫正式開始之前，最好能先給他一週的「點數」（表示他已經有一週乖乖做功課了），他會更有動力遵循這個遊戲規則，並努力爭取最後的獎勵。

這些研究傳達的訊息非常清楚：如果你可以給人們一些證據，顯示他們已經在完成某個目標上的一些進度，那麼人們會比較願意繼續完成這項計畫。如果你使用這個策略，你的影響力就會像洗過的車子一樣閃閃發亮！

44 從蠟筆學到的說服課

簡單顏色名稱的年代已經過去了！現在，打開一盒新的蠟筆，你會發現，過去常見的名字，綠色、黃色、咖啡色已經被取代成熱帶雨林、雷射檸檬、毛毛熊咖啡色等。試想一下，「矢車菊」或「孤挺花」這類的顏色名稱如何能讓你的公司股價持續表現優異，讓公司賺錢呢？

研究人員米勒（Elizabeth Miller）及卡恩（Barbara Kahn）注意到蠟筆及其他無數的商品都有這種趨勢，他們想進一步瞭解，這種名稱上的不同會如何影響消費者的偏好。他們在研究中將顏色及味道區分為四類：

1. 通用、一般的，不明確（例如：藍色）

2.通用的描述，典型且明確（例如：天空藍）
3.非預期的描述，不典型但明確（例如：科密特綠，科密特（Kermit）是芝麻街裡的一隻青蛙）
4.模糊的，不典型也不明確（例如：千禧橘）

研究人員發現，非預期的描述3以及模糊4的顏色及味道會引發人們對商品產生更多正面的感覺，程度多過於1與2。不過，這兩類的顏色及味道之所以比較有效，是因為其他因素。非預期的描述（例如：科密特綠）有效的原因在於：它們像是一個待解的謎題，引發人們對此商品做更多角度的思考，尤其是正面的角度。解決這個謎題可能不會讓消費者有資格加入門薩（Mensa）協會（專門給高智商人士所參加的社團），但的確可以創造出一個「啊！我知道了！」的驚喜時刻，促使他們將正面情感與此商品連結。而模糊的名稱，例如：千禧橘，因為缺乏有意義的資訊，會使消費者多花一點腦筋思考，製造這項商品的人究竟想要透過這名字來傳達什麼訊息，而這也會讓消費者對於命名的公司產生正面的態度。米勒及卡恩也針對眾多不同的軟糖口味及毛衣顏色進行實驗，都同樣證實了上述假設。

這對於企業的意涵是什麼？答案之一是：企業不應該羞於為商品取一個比較不直接的名稱[1]。此外，這方法不只限於商品及服務上，假設你想要從同事那裡取得一些資源來支持某個新專案或訓練計畫，你可以為該專案取一個「非預期」或「模糊」的專案名稱，藉此為專案注入一種新奇感，引人注意。

這樣的啟示也可以用在家裡。比方說，當孩子考慮晚上是要跟朋友出去吃，還是在家裡吃飯時，你可以將端上來的菜色加點生動的顏色，並且為每道菜命名，這樣可能會說服他們乖乖留在家裡吃飯呢！

1　提醒各位：雖然比較不直接，但這一名稱還是要易讀、易唸，如第四十篇所言。

45 粉紅兔帶給我們的說服啟示

我是誰？我是一隻粉紅色的玩具兔，我有一個鼓。我的動力來自某個比競爭對手更耐久的知名電池。知道我是誰了嗎？

我是勁量（Energizer）兔，或是金頂（Duracell）兔，就得看你所在的地區而定。聽不懂嗎？我看你是唯一不懂的人啦！

在此，先回顧一些歷史，以便釐清事情，藉此瞭解這一混淆事件可以給我們什麼關於說服及行銷的啟示。第一隻裝有電池的粉紅兔，在電視廣告中不斷敲鼓的，是金頂兔。更準確地說，廣告中出現的是一整群的金頂兔，據說它們使用的電池電力比其他品牌還要持久。在其中一支廣告中，畫面上有許多隻打鼓的兔子，每一隻都裝上不同品牌的電池，但慢慢地逐一停下來，最後只剩下一隻：裝有金頂電池的兔子還充滿能量，動力十足。

不過，在十五年以前，金頂電池來不及在在美國更新商標，結果讓競爭對手勁量電池有機可趁，搶先註冊了自己那隻裝有鹼性電池的粉紅色打鼓兔，同時也模仿金頂的廣告手法，宣稱其商品的優越性。因此，現在北美的電視觀眾還會看到裝有勁量電池的粉紅兔，但是走出了北美，其他地方的觀眾看到的則是金頂粉紅兔。

勁量的廣告通常是由其他商品開始，（例如：Sit Again 痔瘡軟膏），然後一隻勁量兔突然出現，穿過螢幕畫面，接著廣告標語響起「……繼續走，走，走……沒有什麼比勁量更耐久。」儘管這些古怪而不尋常的廣告手法，為勁量創造了大眾關注及廣告獎項，但卻有一個惱人的問題：許多人，甚至包括喜歡這些廣告的人，都沒辦法記住這是哪一品牌的電池廣告。根據一份調查結果顯示，即使是將兔子廣告選為當年度最喜愛廣告的人裡面，居然有高達四〇％的比例認為這個廣告是金頂電池。其實兩隻兔子有很多不同之處，例如：勁量兔的耳朵更大、戴著太陽眼鏡、打的鼓也比較大，而且毛色是更亮的粉紅色。還有，金頂兔必須要光著腳一直走一直走，而體積較為龐大的勁量兔則是穿著夾腳涼鞋。儘管如此，還是造成了嚴重的品牌混淆。

這兩家公司都用粉紅色的兔子當主角，當然是造成混淆的重要原因之一；但即使沒有看過早期金頂兔廣告的人，也會將廣告品牌記錯，把勁量誤植為金頂。事實上，在廣告大受歡迎後不久，金頂電池的市場占有率成長了，勁量反而稍微滑落。

勁量應該採取什麼行動來避免這個問題，我們又可以從這個案例學到什麼？由心理研究的角度出發，解決方案非常明顯：在店面陳列及商品實際包裝上加上記憶輔助物就可以了。比方說，在銷售點放上勁量兔的形象以及「走走走……，勁量電池最耐久」的文字，可以大幅修正消費者的錯誤記憶，以及讓他們依此做出的商品選擇。後來勁量公司的確這麼做了，而且非常成功。

廣告的一般意涵是什麼？有越來越多的公司開始運用廣泛的媒體活動來打響自己的品牌，透過一個代言人來呈現品牌想要強調的關鍵要素（例如：耐久、品質、經濟實惠等）。他們假設觀眾會自動將商品跟廣告中曝光的元素連結起來，只要廣告的設計正確，這的確是合理的假設。此外，他們也假設觀眾在打算購買時，會回想起這樣的連結，這種想法就太天真了。消費者的記憶受限於現代生活中幾百、幾千個這樣的連結，不可能在完全沒有提示的狀況下，在購買時自動連結起上述記憶。也因為如此，許多大型廣告活動，都需要將品牌的基本形象、人物或廣告標語融入店內商品陳設及商品包裝，讓消費者在做出購買決定時，可以看得到這些提示。改變陳列及包裝以符合媒體廣告的中心特質，可能會在短期花較多的錢，但絕對是不可或缺的。

這一策略並不限於行銷商品時使用，也可以用在行銷資訊或點子。假設你在一家健康組織任職，主要的工作是降低大學內的酒精濫用。請思考一下你會面對什麼樣的重大挑戰。你可以創造一個鼓勵學生的廣告，讓他們讀到「少喝一點」的訊息，但是，該如何確保這個訊息在最需要的時候（也就是喝酒的時候），依然存留在他們的心中？

舉個例子來說明，現在，大學的衛教人員（就是要設法對抗酒精濫用的人員）越來越常使用「社會規範行銷」來勸導學生少喝一點。研究人員發現，學生通常會高估同儕的酒量，根據我們之前說明的「社會證明」，人們傾向於做出跟認知到的社會規範一致的行為。因此，社會規範行銷的目的就是要改正學生的錯誤認知，藉此降低喝酒的比例。比方說，社會規範行銷的海報上可能會呈現調查數字，讓學生知道「每次在派對上喝三杯酒以下的學生有六五%」，目的是提供溝通對象一個更準確的數字，讓他們知道同儕喝的數量，如此應該會降低自己在派對上喝的數量。

儘管這些計畫似乎有些效果，但最近對於計畫成功的證據卻是相當混雜。即使這些海報在學生閱讀的當下是非常具有說服力的，但當他們進入喝酒的狀況下，要不就是忘記、再不然就是無法專注在這些資訊上。或許以下就是活動無法發揮更大效果的原因，比方說，社會規範活動中反酒精的海報、標誌及其他形式的媒體通常會出現在圖書館、教室、學生會、保健中心以及宿舍大廳，而非某些更可能發生喝酒狀況的場所。可惜的是，學生看到這些資訊的地方與喝酒的場所無法產生連結，使得這類訊息很可能無法在酒吧、俱樂部、派對及宿舍發揮作用，反而被杯觥交錯、飲酒作樂的笑聲給淹沒了。

記憶輔助的研究顯示，在適當的背景設計下，讓學生聚焦於社會規範資訊的可能性是可以提高的，方法是將活動標誌放在這些場所的物體上，例如：杯墊等。此外，學校可以發送印有這一標誌的紀念品，例如：飛盤。學生很可能會把這樣的東西帶回宿舍，因而會更常看到這個輔助記憶品。（有趣的是，當學生喝了一些酒之後，這個策略會更有效——研究顯示，當人們喝了酒之後，更容易接受簡單的說服訊息）。同樣地，某些社區在對抗喝酒駕車活動時，使用的方式就是讓參與活動的酒吧老闆在客人飲料裡，放入一個叫做「發光冰塊」的東西，這是一個形狀像是冰塊的塑膠，裡面裝了LED燈。這個發射出紅光及藍光的記憶輔助，會有讓人想起警車車燈的效果，由此作為執法的有力延伸。

整體來說，不管是公共活動或企業活動，記憶輔助都可以確保你的訊息不會淡化，可以不斷地走、走、走下去。

46 鏡子帶來的說服威力

鏡子啊鏡子，誰是最有說服力的物品？事實上，最有說服力的，就是鏡子。

相信沒有人懷疑鏡子的功能，就是輔助我們看到自己的外在模樣，但是其實鏡子同時也告訴我們內在的模樣，即是我們希望自己看起來的模樣，他是一個窗口。因此，觀察鏡子中的自己，會讓我們做出更符合社會期待的行為舉止。

以社會科學家畢曼（Arthur Beaman）及其同事的萬聖節研究為例，畢曼在做這項研究時，將十八個當地住宅改裝為臨時的研究處所。當一群「不給糖，就搗蛋」的孩子來到其中一棟房子門前，研究助理會跟他們打招呼，詢問他們的名字，接著指向旁邊桌上一大碗的糖果，告訴孩子們，每個人可以拿一顆糖果。接著她會說還有工作要做，很快地離開房間，這是實驗的「給糖」部份。而「搗蛋」的部份在此：孩子不知道自己身處於一個精心設計的實驗中，也不知道有人正在門外的小孔窺視著他們。觀察他們的是另一個研究助理，負責記錄哪個小孩拿了一顆以上的糖果。

研究結果的數據顯示，有超過三分之一的小孩拿超過自己應拿的數量（實際數字是三三・七%）。接著，研究人員想要進一步測試，裝上鏡子是否會降低偷拿糖果的比例。在上述案例中，研究助理會在糖果碗前裝上一大面鏡子，當小朋友在拿糖果時，會看到鏡子裡的自己。結果如何呢？超拿糖果的比例降到八・九%。

我們其中一位作者也曾以類似的方式進行研究，檢視人們將焦點放在自己以及自己的形象上時，會如何讓他們表現出與價值觀一致的行為。這個實驗是由行為科學家寇格蘭（Carl Kallgren）所領導，我們首先評估參與者對於「亂丟垃圾」這字有何感覺。之後，參與者在前往實驗室的途中，其中有一半的人會在閉路電視中出現，他們可以在螢幕上看到自己的影像（就像是看到鏡子裡的自己一樣）；而另外一半的人看到閉路電視裡播放某些幾何圖形。研究人員告訴他們，這項實驗需要監控心跳，因此在他們手上塗了一些黏膠；當實驗結束時，研究助理會給他們一張紙巾將黏膠擦掉，並請他們由樓梯間離開。此時，這些人以為自己參與研究的部份已經完成，但其實我們要觀察的是，這些人離開時，是否會把紙巾扔在樓梯間。

研究發現，如果他們在之前沒有看到自己的影像，有四六%的參與者會丟紙巾；但他們如果看到自己的影像，只有二四%會這麼做。如果這個研究只有一個目的，那麼它回答了這個問題：「亂丟垃圾的人怎麼能每天照鏡子呢？」答案顯然是：他們根本不照鏡子！

在日常的生活裡，我們可以善用鏡子的微妙作用，說服他人表現出社會期待的行為。這個研究除了告訴我們在萬聖節如何給糖之外，也讓我們體會了鏡子的說服魔力：用心擺設鏡子可以鼓勵孩子，做出對彼此更為溫和、仁慈的舉動。此外，飽受員工偷竊問題（例如：倉庫的商品被偷）之苦的主管，將會發現鏡子可以神奇地降低失竊率。在這樣的案例中，鏡子可以作為錄影監視的替代方案，因為錄影不但耗費成本，而且也像是對員工釋放出一種「不信任」的訊號，這種感覺很可能進一步導致更高的員工偷竊率。

如果加裝鏡子的方式不可行，另外還有兩種做法，也可以產生類似的效果。第一，社會心理學家迪納（Ed Diener）及其同事發現，詢問人們的姓名可以達到類似的效果。因此，讓孩子及員工戴上名牌可以為較為期待的行為奠下基礎。第二，科學家貝特森（Melissa Bateson）及其同事最近的研究顯示，在牆上置放一個簡單的眼睛圖片，也能有效地讓他人做出社會認可的行為。比方說，在一項研究中，研究人員在公共區域擺設一幅畫——在這公共區域，員工如果喝了咖啡或茶，需要丟一些錢到罐子裡。研究人員每週更換牆上的畫，第一個禮拜是花、下個禮拜是眼睛、再下個禮拜又是不同的花、接下來又是另一組不同的眼睛，如此循環下去。結果顯示，如果擺放的畫是眼睛時，員工把錢投入罐子的金額是圖畫為花的二．五倍。

總而言之，不管是你的眼睛還是別人的眼睛，有雙眼睛盯著全場的狀況總是有益而無害的。

47 悲傷會搞砸你的談判嗎？

在大受歡迎的電視影集《慾望城市》（*Sex and the City*）某一集裡，女主角凱莉跟她的好友珊曼莎一起走在紐約街頭，珊曼莎一邊走，一邊說著自己為何最近感覺如此悲傷。在對話的某一時點，跛著腳走路的珊曼莎突然大叫了一聲「噢！」凱莉同情地說：「親愛的，如果腳那麼痛，我們幹嘛還要去逛街？」珊曼莎回答說：「我的腳趾受傷了，但我的靈魂可沒受傷！」

每一年，都有好幾百萬人在沮喪的時候大肆購物，想要藉此減輕悲傷。最近，萊納（Jennifer Lerner）和他的同事進行一項研究，調查各種情緒會對人們的買賣行為有多深的影響，這項研究結果對此現象提供了一些有趣的觀察。

研究人員假設，悲傷的經驗會促使人們想要改變這種狀況，藉此改變心情。他們也認為，這種動力會以不同的方式影響買方跟賣方：悲傷的買主會願意比一般人花更高的價錢買下某項物品；反之，悲傷的賣主則會以更低的價錢賣出。

為了測試這些想法，研究人員設計了一個實驗，請參與者觀賞影片，其中一組實驗者充滿悲傷情緒，另一組則沒有。我們請「悲傷組」觀賞《天涯赤子心》（*The Champ*）的影片，劇情描述了一個男孩導師的死亡。在此之後，研究人員要求他們寫下一段文字，並假設自己處於該情境下會有什麼樣的感受。而「非悲傷組」則是觀賞一段中性的影片，談論的主題是魚；觀賞後再請參與者寫下自己每天的活動。在此之後，所有的參與者都被告知要參加第二個完全不同的研究。研究人員拿出一組螢光筆，要求一半的人訂一個賣價；另外一半則訂一個買價。

研究結果支持了萊納的論點。悲傷的買主願意出的價錢，比情感中性的買主高出三〇%；而悲傷的賣主願意賣的價錢，比情感中性者低了三三%。此外，研究人員還發現，悲傷組的參與者對於他們將觀賞影片所產生的情感，轉移到經濟決定上毫不自知，也就是說，他們不知道自己原來是這麼地悲傷。

這樣的研究結果跟我們有什麼關係呢？一個重要啟示就是：在做出重要決策、開始重要談判，或是回應一封不友善的電子郵件之前，要清楚瞭解自己的情緒狀態。假設你在跟供應商討論付款條件前，剛經歷一個情感事件，即使你認為自己的決策能力不會受到影響，但是最好還是考慮延後此一談判。簡短的延後可以讓時間把情緒緩和，協助你做出更理性的選擇。

不管你的情緒狀態如何，一般來說，在作出任何高價的決策狀況前，最好都能空出一段時間整理自己的思緒。通常，人們為了方便起見，會把會議一個接一個地安排下去。事實上，如果能在會議與會議中間有短暫的休息，可以避免把前一場會議中激昂的情緒帶到下一場去，尤其是，第二場會議涉及重要決策時，更是得小心再三。

在家裡做決定的時候也是一樣。你可能在考慮買一些新家具、新電器、某種程度的修繕，甚至買一棟新房子，或者可能要為上網拍賣的商品訂價。在這些狀況中，最好都能先退一步，檢視當下的感覺，直到覺得自己的感受恢復中性之後，再繼續上述的活動。

最後，希望影響他人的決策者，應該要清楚「情緒」所扮演的角色。然而，為了說服某個心情沮喪的人，就在人家的傷口上灑鹽是很不智的，有時反而會對他人造成二次傷害，例如：「我聽說你的狗狗不幸往生的消息了。對了，這是我可以提供給你的價格。」做了這樣的行動後，相信你會懊悔不已，也無助於雙方維繫長期的關係。

事實上，在對方剛經歷一個負面情緒事件時，如果願意給對方一點時間整理情緒，將可以強化雙方的關係，這樣的行為讓你看來高貴、關心他人且非常地明智，而此也是具備說服力的人應該有的特質。

48 情緒如何發揮說服的效果？

二〇〇二年，亞洲地區因為爆發的SARS引起大規模的恐慌，也導致到該地區旅遊的人數大幅下降，即使感染SARS或因此死亡的比例非常小。但人們對此事件的反應可以提供什麼啟示，讓我們知道情感式議題如何改變人們的決策，以及被他人影響的方式？

研究科學家奚愷元（Christopher Hsee）及羅頓史崔（Yuval Rottenstreich）認為，人們的判斷及決策能力可能被SARS這一類事件給減損，不是因為它會引發負面的感覺，而是因為這是一個情緒主導的事件，不管是哪一種的情緒。他們明確地指出，情感使得人們對數字的強度差異較不敏感，而將注意力放在這件事情的「有」或「沒有」身上。以企業用語來說，這代表了人們會將注意力放在某一情緒性提議的出現與否，勝過於當中所指出的明確數字。

為了檢驗這個想法，研究人員請參與者花一點時間思考某個議題，有些人被要求思考跟情感有關的議題，有些則與情緒無關。之後，研究人員會要求這些參與者想像某個熟人在銷售一套瑪丹娜的ＣＤ。有一半的人被告知總共有五張ＣＤ；另外一半的人被告知有十張ＣＤ；最後他們要說出自己願意為哪一疊ＣＤ付出最高價格。

研究人員發現，之前被要求思考非情緒性議題的人，願意為十張ＣＤ付出的價格高過於五張ＣＤ，這是很理性的。但有趣的是，之前被要求思考情緒主題的人對ＣＤ數量的差別比較不敏感，不管是十張或五張，願意付出的價格是差不多的。

這個研究的結果顯示，情緒對於決策過程有不利的影響，或許會讓你被說服接受一個不應該接受的提議。假設你在跟供應商談判原料事宜，你願意付的價錢跟供應商願意接受的價格中間落差一萬英鎊，此時，供應商為了達成協議，表示願意給予五十個單位的新商品作為交換，這點讓你非常開心。但這個新商品可能是一百單位才值一萬元。這個研究告訴我們，像上述這種涉及情緒的提議，可能會引發買主過度高估五十個單位的價值，因而做出無法獲利的決策。

我們要如何避免被這樣的因素影響呢？建議在談判，可以做些「聚焦於數字」的事情，應該就可以恢復你辨別數字的能力。移除可能遮蔽你注意力的情緒因子，如此可以幫助你依據事實、中肯的資訊來進行談判，做出最好的決策。

49 如何讓人們相信他們讀到的一切？

一位前中國政治犯曾描述他被洗腦的經驗：「你被徹底毀滅、精疲力盡、沒辦法控制你自己，也不記得兩分鐘之前講過什麼話。你覺得所有一切都被丟掉了。從那一刻開始，法官就是你真正的主人，你會接受他說的任何一句話。」

他指的是哪一種技巧，這裡面又有什麼說服的啟示？

這位前政治犯可能是各種思想改革下的受害者，但他描述的那種手段正是「睡眠剝奪」（sleep deprivation）。怎麼說呢？如果我們晚上睡了個好覺，隔天通常表現的會比較好，這是無庸置疑的。如果我們有適度的休息，會更容易專心、更警覺，並且能辯才無礙地溝通。但社會心理學家吉伯特（Daniel Gilbert）的研究提供了一個較不明顯，但跟政治犯經歷一致的觀察：當我們疲勞時，可能會更容易接受他人欺騙式的影響戰術（或更容易被影響）。吉伯特的假設是：在聽某個人陳述一句話時，訊息接收者會先接受那是真的，不管實際上是否如此，並且在約不到一秒的心智運作之後，接收者才能辨別出真假，才能決定接受或拒絕。吉伯特的一系列研究結果都支持上述的假設。

當風險很高時，人們通常會有足夠的資源以及動機，來拒絕聽來像是錯誤的陳述。但是當人們疲勞的時候，很容易處於極易受騙的狀況，這是因為身體的疲憊會導致認知的能量及動機減少。根據吉伯特的研究發現，訊息的理解過程會在「拒絕階段」發生之前就被切斷，導致在此狀態下的人更可能相信他人薄弱的論點或謊言。比方說，經理人如果睡眠不足，在與大型配銷商進行合約議價時，可能不會質疑潛在配銷商所說的話是否過度誇張（「我們的配銷系統在全球排行前幾名」）；相反地，他可能對這樣的陳述信以為真。

讓我們更容易被說服的，不只是睡眠剝奪或疲勞而已。研究也顯示，「分心」也會影響人們接受影響來源的程度，即使那只在瞬間發生。比方說，戴維斯（Barbara Davis）跟諾利斯（Eric Knowles）的研究發現，住戶在遇到業務員挨家挨戶推銷聖誕卡的時候，如果業務員突然用「分」來講價錢，而非像一般使用「元」為單位，之後說「真是太划算了」，對方購買的可能性會變成兩倍。他們的研究也顯示，增加業務量的關鍵不在於「用分來說價錢」，而是在這句話後面接了一句具有說服力的字眼：「真的很便宜！」對於業務推銷的同意率才會比標準訴求增加一倍。這個研究顯示，在引人分心的瞬間，業務人員可以在顧客沒有察覺的狀況下，神不知鬼不覺地多加一句具有說服力的說詞。

在該團隊進行的另一份研究中，經過戶外燒烤攤位的人，如果聽到小販把杯子蛋糕稱為「半個蛋糕」，而且馬上補上一句「真的很美味喲！」購買的數字馬上會有顯著的提升。

這些研究可以告訴我們什麼啟示，讓我們不要屈服於那些讓人更容易被說服的元素？最明顯的建議就是：睡飽一點！當然，我們都喜歡多睡一點，但我們也都同意說的總是比做的容易。不過，如果你真的發現自己因為某事分心，或被剝奪睡眠，請試著避開類似資訊式廣告的這類節目，因為這種節目通常會有許多模糊的推銷說詞。如果你不避開這類節目，很可能會被他們說服，以為自己真的需要一台一邊踩、一邊製作爆米花的運動腳踏車。相反地，利用自己最清醒的時候做出重要決策，因為在進行決策時，非常需要判斷他人的話語是否真實。

接下來，如果你被賦予某個任務，假設是要選擇一個新的供應商，最好能夠讓自己保持冷靜，如果你因其他事物而分心，例如：講電話，你就越可能會相信自己在網站上或正式議價中讀到的資訊。

切記！將分心的情況降到最低，才能對他人的陳述做出更準確的評估，同時也比較能夠抵抗那些欺騙戰術。你可以在公司或家裡找個屬於個人的「決策空間」，避免各種干擾以及背景噪音，專注於眼前的任務。為了避免被不老實的說服者欺騙，接著被公司給開除，切記！在面對風險高的事情時，最好能避免同時做好幾件事。

50 擁有說服力的神奇飲料

尿床、口乾舌燥、雙腿無力……，這些日子以來，似乎太陽底下任何事情都有一種相對應的藥。不過，聽到這個資訊可能還是會有點驚訝：有種叫做「1,3,7-trimethylxanthin」的藥，包管你吃了以後更容易被說服，如果你把藥給其他人，自己就會變得更有說服力。令人震驚的是，現在你可以在四處林立的「說服藥實驗室」買到這種藥。

這個藥比較廣為人知的名稱叫做咖啡因，而這個「說服藥實驗室」就是大家所知的咖啡店。光是星巴克咖啡（Starbucks Corp.）就在全球三十八個國家有九千多家店，不過我們懷疑董事長舒茲（Howard Schultz）是否知道，他的公司在每個街角、購物商場裡販賣的飲料可能是一種潛在的說服工具。我們都聽過（許多人也都經歷過）咖啡因會讓人們覺得更為警覺，但它又是如何讓我們更有說服力呢？

為了調查這個問題，科學家瑪汀（Pearl Martin）與同事首先請所有參與者喝一種類似柳橙汁的商品，但情況就像是調皮的青少年在雞尾酒裡加入他特製的燒瓶液體，研究人員也對柳橙汁動了手腳，提供給一半的參與者飲用。不過，研究人員沒有將柳橙汁變成雞尾酒，而是加入咖啡因，大約是兩杯卡布其諾的咖啡因量。

在喝了飲料後不久，實驗人員請所有參與者閱讀一系列的訊息，包含了對於某個極具爭議性的議題。閱讀前喝了咖啡因飲料的人傾向於認同該論點的比例，比另外一群沒有喝飲料的人高出了三五％。

在第二個研究中，研究人員測試的是，當參與者閱讀較微弱的訊息時，咖啡因的效果如何。結果顯示，在這樣的狀況下，咖啡因的說服效果非常有限。

這些發現可以應用在你對潛在顧客或同事進行的簡報中。比方說，你可以思考一下，應該在一天當中的哪個時段進行簡報。假設你要對某個新顧客進行業務簡報，我們不建議在午餐後或是傍晚時間進行，比較好的時段應該是在早上，準顧客可能剛喝完早上的那一杯咖啡。即使你不能選擇時間，準備咖啡或咖啡因的飲料應該可以讓對方更容易接受你的訊息——假設（如同本研究結論）你確定你的論點是充分合理的。

當然，這是無庸置疑的！

後記

二十一世紀的影響力

在邁向二十一世紀之際，我們與他人打交道的方式有了兩個重大改變，連帶影響了我們說服他人的方式：第一，家庭及公司中廣泛使用網際網路，影響了我們日常的溝通方式。第二，我們在職場或企業互動中，有越來越多機會必須要與來自不同文化背景的人們進行互動。以下我們介紹一些針對上述變遷進行的相關研究，藉此對說服的科學有進一步的洞察與瞭解。

e化的影響力

位於美國中西部的大型無線業者US Cellular就跟其他通訊公司一樣，幾乎完全仰賴技術作為業務基礎。正因為這樣，該公司在多年前制訂的一個政策看來特別諷刺

（如果稱不上完全瘋狂的話）——超過五千名員工被告知，未來每個禮拜五不能使用電子郵件進行溝通！

這怎麼可能？在現在這個年代，大家莫不仰賴電子傳遞以便能快速、有效及準確地與同事溝通，禁止使用電子郵件幾乎像是禁止使用計算機，要大家改用手指跟腳趾頭一樣。為什麼US Cellular的執行副總裁艾利森（Jay Ellison）會發布這樣的命令呢？這是高層主管策劃的一場陰謀，想要強迫員工使用行動電話，讓行動電話帳單暴增，藉此增加公司的短期利潤嗎？

原來，這是因為艾利森每天受到大量電子郵件的轟炸，信件多到他看不完，他開始覺得這種無止盡、無人性的e化溝通可能會對團隊合作及整體生產力產生負面影響，而非改善績效。根據ABCNews.com的報導，他在備忘錄中告訴員工「站起來跟你的團隊面對面見面，拿起電話，給某個同事打個電話……，我期待的不是接到你的郵件，而是你親自來找我。」

報導中還描述了此項政策執行後所產生的幾個戲劇化結果。比方說，兩個過去只用電子郵件聯絡的同事被迫用電話溝通，此時才發現他們沒有處於不同國家，而且根本就坐在隔壁而已！他們因此進一步開始面對面開會，彼此的關係也因而更為強化。

這個政策絕對需要花點時間才能適應，不過，該公司普遍認為這項「無電子郵件日」政策明顯獲得成功，並且成了重要的提示，提醒大家記得人際互動在強化彼此關係中所扮演的角色。這個案例描述了e化互動對於職場關係的影響；那麼，e化互動會對我們的說服力造成什麼樣的影響呢？例如：像談判這樣的流程會因線上或面對面談判而受到什麼樣的影響？在今日，談判已經不光是用面對面溝通或電話進行了，有越來越多的談判是在線上進行的，內容從幾百萬合約的重要條件到辦公室派對的披薩調味醬皆有可能。雖然網路被稱為資訊高速公路，但談判雙方缺乏人際互動，會不會阻礙了談判的進行，無法獲得成功的結果？

為了測試這一假設，社會科學家莫利斯（Michael Morris）及其同事進行了一項實驗，請商學研究所同學以面對面或電子郵件的方式進行談判。他們發現，透過電子郵件談判使得雙方較無法交換關於個人的相關資訊，不過倒是可以協助彼此建立較佳關係，也因為這樣，透過電子郵件得到的談判結果會比較差。

行為研究學者摩爾（Don Moore）及其同事認為，這個不太單純的問題可能有個相當單純的解決方式：如果在談判前，雙方先進行某種形式的自我表露呢？換句話說，他們可以先透過e化的方式，針對談判以外的主題稍作閒談，讓雙方有更多瞭解。為了測試這一想法，研究人員將美國兩家商學院的學生配對，要他們透過電子郵件進行談判。有一半的學生只被單純告知要進行談判；而另外一半則會拿到對方的照片、簡單的個人資料（例如：高中母校、興趣……等等）研究人員也要求這些人在談判前花點時間透過電子郵件彼此認識。

這個實驗的結果顯示，當參與者沒有拿到多餘資訊時，二九％的談判無法談成；不過，在更為「人性化」的這一組當中，只有六％走入僵局。研究人員分析另一個衡量成功的指標：如果在實驗中雙方能達成共識，該解決方案的聯合結果（也就是談判雙方最終得到的利益加總）在「個人化」這組的結果，要比「無個人化」那組多出十八％。因此，花點時間瞭解談判對手的個人資訊，也花點時間揭露你自己的個人資訊，將可以擴大雙方可以分享的利益。

這些實驗告訴我們，e化溝通在談判中扮演的角色。但是當溝通者嘗試要轉換對方對某一概念或議題的看法時，e化溝通是否有效？在作者之一與研究學者葛登諾（Rosanna Guadagno）進行的研究中，我們的目標就是找出上述問題的答案。參與實驗者被告知將以一對一的方式討論某項校園議題，討論的方式可能是透過電子郵件或是面對面溝通。其實，與他們溝通的另一方是由研究助理所扮演的。研究助理以一組具有預設立場的完美話術，嘗試說服真正的實驗參與者，大學應該要設立嚴格完整的考試政策，讓學生通過某個冗長且困難的考試，藉此評估他們對多項主題具有相當知識，之後才能拿到學位。在此要說明一下，要找到一個多數大學生都同意的議題是很難的。如果問大學生（除了極少數的書呆子之外）是否同意要通過嚴格考試才能畢業，就好像問他們是否同意最低飲酒年齡設在二十五歲一樣。儘管學生一開始可能會反對嚴格完整的考試制度，結果最後還是被說服了。不過，用面對面跟電子郵件傳遞說服的訊息，會有什麼樣的差別呢？

答案是：視性別而定。因為女性通常比男性更傾向於跟同性同儕建立密切關係，而面對面倒是可以促進這樣的流程，因此我們預測，在與同性同儕互動時，女性在面對面互動中要比電子郵件更容易被說服；而男性在這兩種溝通方式上的差別不大。結果跟我們的推論相去不遠：女性在個人化接觸中比較容易被說服，而男性在不同溝通媒體中被說服的比例相差不多。可惜的是，我們沒有檢視異性配對下的說服差異，不過也沒關係，因為「跨性別說服」這個主題已經可以寫出一整本書了呢！

截至目前為止，我們已經討論了e化溝通的某些角度會對「建立及維繫個人關係」造成什麼樣的障礙。但e化溝通的另外一個特性也會對說服造成不利影響：e化溝通比較可能發生傳達不清的狀況。另外一個可惜的地方是，如果接收者誤解了你的訊息或訊息背後的意圖（或更糟的是兩者皆有），所有關於說服的論點及有效的策略都不能對你有太多助益。

我們可以由行為科學家克魯格（Justin Kruger）及其同事進行的研究中看出，電子郵件溝通不良的現象為何如此普遍。他們認為，如果訊息有某種程度的模糊，聲音的變化及肢體的動作通常會扮演重要指標，協助接收者瞭解溝通的真正意義，而此點正是電子郵件中所缺乏的非語言線索。舉例來說，你在回應同事寫來關於供應商合約的訊息時，可能會回信寫道：「這是真正的優先要務。」你可能是完全認真的，但你的同事可能將此解釋為一種挖苦，因為你過去曾在供應商合約上提出某些反對意見。當然，如果這句話是面對面時說的，你的聲音語調變化、臉部表情及肢體語言可以展現出你是認真的。光是這個事實就足以讓電子郵件的溝通產生問題；但克魯格與同事發現的另一個重點，即是這些訊息發送者幾乎不知道他們的訊息可能會被誤解，使得e化溝通不良的風險提高不少。發送者在創造這些訊息時，完全可以掌握自己的意圖，因此通常會假設接收者也應該能完全接收才對。

研究人員進行了幾個實驗來檢測這些假設。在其中一項實驗中，參與者被兩兩配對，一人擔任訊息的傳遞者、一人擔任接收者，兩人要溝通好幾個訊息。傳遞者說明訊息時，需要清楚表達下列情緒之一：諷刺、認真、憤怒或是悲傷。他們被隨機分配使用電子郵件、聲音或是面對面等方式溝通。在每一句話說完之後，接收者必須要猜測這句話背後的意圖，而傳遞者事前必須要先推測接收者是否能正確地猜出來。

這項研究結果清楚地展現了一點：所有實驗小組中的傳遞者都高估了接收者正確詮釋其語氣的程度，其中又以使用電子郵件的群體差距最大。不管哪一個實驗小組，訊息傳遞者預期接收者會有八九%的機率猜對，但是事實卻不然，聲音與面對面小組的接收者猜對比率約七四%，但電子郵件組的接受者猜對比率卻只有六三%。這樣的結果似乎說明了一點：在手寫的溝通方式中，由於訊息接收者無法聽到發送者的聲音變化，因此比較難詮釋訊息真義。

你可能會認為這些發現並不令人意外，因為這些幾乎都是涉及陌生人的溝通，彼此沒有互動的經驗。那麼，好朋友之間在詮釋彼此的電子郵件訊息時，就會比較準確嗎？研究人員也是這麼認為。不過，非常驚人的是，「朋友組」的實驗結果跟「陌生人組」的調查數據幾乎一模一樣。即使是關係密切的人，對於彼此手寫溝通訊息的理解也相當有限。這樣的事實暗示了一點：你的朋友說他們可以完全瞭解你，就像看一本書一樣一覽無遺，這句話是錯誤的，除非他們看的是「有聲書」的版本或是「電視」版。

那麼，對於這樣的溝通風險，我們該怎麼辦？或許在傳遞訊息時，你可以借用「情緒標誌」，也就是圖像式的文字來表達情緒（例如：「笑」）不過，如同這個案例所示，情緒也可能被融入訊息的其他部份混淆，或在其他方面不夠明確，反而造成另外的困擾。那麼，完全不用電子郵件溝通，全都用電話或面對面溝通呢？這可能適用於一個禮拜一次的頻率，如同US Cellular一樣，但我們沒有這麼多的時間與能力來涉入這樣高密度的互動。

或許，我們可以考慮使用另一個可能的解決方案，先讓我們回到溝通錯誤背後的主要心理解釋。如前所述，由訊息發送者所處的角度來看，他們清楚知道自己想要溝通的訊息，但他們不會自然地採用接收者的角度。根據這樣的推論，研究人員進行了另一個實驗，看是否能解除訊息傳遞者對於「訊息能夠如預期被瞭解」的過度自信。這個實驗跟前述的語氣猜測實驗相似，只有一點點改變。首先，所有參與者只用電子郵件跟對方溝通。第二，有些參與者會被要求思考他們的訊息可能會遭到什麼樣的誤解。結果發現，參與者在預測自己訊息是否被理解的準確度上比之前明顯提升。

根據這一實驗的發現，我們可以如何更有效地進行電子溝通，增加線上說服技巧？我們建議，未來在傳送關於重要主題的郵件之前，最好能花點時間用另一個角度思考，想想這一訊息可能被接收者解讀成什麼樣不同的訊息？如此你可以針對可能引起誤解的部份做些改變，以釐清真正的意思。換句話說，在按出「傳送」鍵之前，你可能會用拼字檢查或文法檢查來改善訊息的明確程度；同樣地，換個角度思考一下，也可以讓你的訊息更清楚地被理解。

最後，我們應該要特別說明，即使訊息接收者能完全瞭解你的意圖，也不能保證他們會同意你的要求，或在你要求時提供幫助。比方說，我們認識的一位醫師找不到人幫他代班，讓他去參加婚禮。這令我們非常不解，因為他很討人喜歡而且也非常受到尊敬，而且我們知道他過去也曾為好幾位同事代過班。當我們詢問他是如何開口要求同事幫忙的，馬上就發現問題所在：他說他發了很多封電子郵件跟大家提出這項要求，在郵件上，大家都可以看到其他收件者的姓名。

這樣的方法產生了所謂的「責任分散」(diffusion of responsibility),在發送大量電子郵件時,讓大家看到你詢問了許多人,結果沒有人覺得自己需要伸出援手,因為大家都會假設在寄送清單中應該會有人同意幫忙。在一個經典的實驗中,社會心理學家達利(John Darley)及拉坦(Bibb Latané)設計了一個狀況:一位學生狀似癲癇發作。當旁邊只有一個人時,有八五%的人會伸出援手;但旁觀者有五位時(所有的人都在不同的房間,所以沒有人能確定此人是否能得到協助),只有三一%的旁觀者提供協助。

那麼,我們的醫生朋友可以做些什麼來提高他人同意代班的機會?如果他有時間,應該選出他覺得最可能答應這項要求的人(例如:之前他曾幫忙代過班的那些人),以面對面方式或個人化的電子郵件發出請求。如果上述方法不可行,他至少可以用密件副本的方式寄出,如此就不會知道有多少人接到這項請求了。

至此,我們討論了電子郵件及其他傳統溝通方式,對溝通及影響他人的流程可能造成的影響。但其他e化說服的角度呢?比方說,在設計企業網站時,心理學的研究對此有何建議？我們先從一個例子開始。

假設你在閱讀本書之後，決定要再多買兩本，把一本放在家裡，另一本放在辦公室，另外一本則放在汽車置物箱以備不時之需。你從書店架上拿了最後兩本，將書拿到收銀台。此時，店員說了一句令你大感意外的話：「您確定要買這幾本書嗎？我知道我們的價格很有競爭力，但街尾那家書店比我們的賣價便宜十五%。如果你想要的話，我可以畫地圖告訴你，怎麼到那家書店去。」經過了這樣的顧客服務，或者說「非」顧客服務，你心裡肯定會懷疑，這種店怎麼還能生存下去。

這個例子聽來有點荒謬，但的確有些企業採取這種看似自我毀滅的做法，例如：美國第三大車險公司——Progressive 汽車保險。該公司一直自豪於各項創新做法，這正是它與競爭者不同之處。創舉之一就是早在一九九五年成立網站（該公司是全球最早成立網站的大型保險公司）。網站推出一年之後，車主可以透過網站介面搜尋車險費率，比較 Progressive 及其他公司（也就是 Progressive 其他主要競爭者）的費率。今日，該網站首頁上甚至有一「最新費率比較區」，以捲軸的方式呈現，方便訪客進行費率比較。儘管該公司在大部份的比較中都勝出，但並非百分之百如此。比方說，當我們在撰寫此段落的前一分鐘上該網站查詢，費率比較區的最後一筆查詢記錄顯示，某位來自威斯康辛州、名字縮寫為C.M的顧客，如果選擇為自家的豐田汽車投保另一家競爭者公司的保險，每年將可以省下九百四十二美元。

Progressive這樣的策略是吸引了更多顧客？還是自絕生路？公司自從推動這項創新計畫以來，業績大量成長（每年平均成長十七％，年化保費由三十四億美元成長到一百四十億美元。）由此證明這個策略是有效的。崔芙茲（Valerie Trifts）及霍布（Gerald Haubl）的研究可以解釋箇中的原因。

在研究中，兩位學者告訴實驗參與者，他們所任教的大學正考慮與數家線上書商的其中之一進行聯盟，參與者的任務是要為一套書進行線上比價，搜尋各網路書店的售價之後，再決定向哪一家購買。其中，一半的參與者拿到的資訊中，零售商不只標示了自己的售價，也包含其他網站的售價；而另外一半的參與者沒有拿到這項資訊。研究人員也對零售商的市場地位做了改變，有些參與者會看到某些零售商的售價普遍較低、有些人看到的售價相對較高，還有一些人看到每家書店的售價大致相同。

研究結果是否支持Progressive的做法？大部份是的。值得一提的是，結果要視「市場地位」這一關鍵要素而定。如果與Progressive相似的零售商明顯且持續低於其他廠商，是否有提供比價功能就不是重點了；不過，當類似Progressive的廠商在某些書的售價較高、某些售價較低，多數企業在現實世界裡的操作方式多是如此，提供「比價」就會造成明顯差異：在這一狀況中的參與者比較會向Progressive這類零售商購買。比價機制讓組織看來更值得信任，如同我們在本書前面所提到的，不誠實的人或組織很少會跟自己的利益過不去，此外，消費者也會欣賞這種設計，因為這樣可以讓他們省下不少時間跟心力。

讓我們回到最開始的書店模擬情境之中。這個研究結果以及Progressive的成功經驗告訴我們，如果公司能提供其他競爭者的價格，或許偶爾會輸個幾回，但大部份都能在價格戰上勝出。

線上比價的研究顯示，我們可以設計企業網站的功能特性，以說服潛在顧客使用其服務。但網頁是否有其他較不明顯的部份，也可能會影響消費者的行為？比方說，有沒有一些細微的東西（例如：網頁的背景）會將你的潛在顧客從瀏覽者變成消費者？

研究學者曼黛爾（Naomi Mandel）及強森（Eric Johnson）所進行的幾個實驗都證實了答案是肯定的。在其中一個實驗中，實驗參與者進入某個虛擬購物網站的網頁，由此選擇兩組沙發的其中一組。其中一組文案說明這沙發非常舒服，但也非常貴；另外一組則有某種程度的舒服、但不昂貴。研究人員同時對網頁的背景做改變，以設法轉移參與者偏向於省錢或舒服的決策。他們根據之前的研究結果來變化背景——在之前的研究中，他們請參與者看一個沙發廣告，背景分為兩種版本：一種是在綠色背景中佈滿錢幣圖像，另一種則是藍色背景中有鬆軟的白雲。接著他們要參與者列出購買沙發時最重要的考量角度；結果，「錢幣組」比「白雲組」更可能強調「成本」的重要性；而「白雲組」比「錢幣組」更可能強調「舒適性」。

根據之前的研究發現，曼黛爾及強森懷疑，當參與者在充滿白雲背景的網路商店購買沙發時，更可能會選擇較為舒服（但比較貴）的沙發；而在充滿錢幣背景的網路購物環境中，會讓人較為重視成本。他們的研究結果驗證了這樣的看法；而且這樣的結果不限於單一商品。比方說，當背景是紅、橘色影像時（令人聯想到車禍中可能出現的火焰），參與者更可能選擇較為安全（但比較昂貴）的車勝過於較不安全（但較便宜）的車。

這些研究發現中最特別的一點是：這些線索對人類行為具有強大的影響力，但影響的方式卻微妙得令人察覺不到。例如：在上述實驗中，幾乎所有的參與者都堅持「背景」對他們的選擇沒有影響；不過，如同我們所知，這些看法並非事實。

在這些研究發現中，或許最重要的意涵就是：公司網站的某些元素（例如：背景呈現的影像），對於消費者行為的影響之大，遠超過你的想像。你可以依照提供商品或服務的優點，策略性地選擇網頁背景及呈現的影像。換句話說，仔細地選擇網站背景，可以讓你商品的優勢（或許還包括組織的優點）以最顯著的方式呈現在顧客眼前。

全球化的影響力

Hai, Hao, Da, Ja, Si, Oui……，世界各地的人都以截然不同的方式來表示「同意」。但這是否意味著我們用來說服他人同意的策略，也需要依照接收者的文化背景而異？或者，這些策略可以一體適用，不管對方來自何處？儘管社會影響的基本原則及書中討論的許多策略，在所有文化中都具有強力的說服效果，但最近的研究顯示，在嘗試說服來自不同文化背景的人之時，在戰術及訊息會有些小小的差異，因而需要做些細微的調整。基本上，這些差異源自於文化規範及傳統的不同，這使得不同社會的人對說服訊息的不同角度有不同的重視程度。

舉個來說，研究學者莫利斯（Michael Morris）及其同事曾針對全球最大的跨國金融機構花旗銀行，針對其員工進行研究。莫利斯及同事調查花旗銀行在美國、德國、西班牙及中國（香港）四國的分行，並衡量員工自願同意同事要求其協助某一任務的意願。這一研究的各地受訪者受到許多同樣的因素影響，但某些因素在不同國家的影響力明顯大過於其他。

比方說，美國員工最可能依照直接的互惠原則來採取行動。他們會問：「此人過去曾為我做過什麼？」如果他們曾欠他們人情，就會覺得有義務要幫忙。而最可能影響德國員工的則是這項要求是否符合組織規定。他們在決定是否要幫忙時，考慮的是：「根據正式的規範及工作範疇，我應該要幫忙此人嗎？」西班牙的員工則是直接由友誼規範（我應該對朋友忠誠）來做決定，與地位或職位無關。他們會問：「開口要求的此人與我的朋友有什麼關連嗎？」而中國的員工主要是受到權威的影響，他們會遵循該小組內地位最高者的指示。他們會問：「此人是否跟我單位的某人有關，尤其是否跟主管有關？」

莫利斯及其同事的這項研究有幾個重要的實用意涵。其一，企業如果想要將某些做法、政策或組織架構轉移到另一文化背景之下，必須要對新文化中的義務與規範更為敏感，否則在原本文化下運作順暢的機制，到另一社會中有可能會運行不良、甚至造成負面效果了。

根據上述結果，要轉換到不同文化背景下工作的經理人，也需要調整策略，以便讓不同文化背景下的分行員工同意自己的做法。比方說，要從德國慕尼黑調到西班牙馬德里的經理可能會發現，與他人發展個人友誼可能在取得新職場員工的認同中，扮演了比以前更重要的角色。不過，從馬德里調到慕尼黑的經理可能會發現，做出組織正式指導以外的要求（例如：要求同事忽略某些文件，可能是過去工作環境中接受的做法），在新的工作環境中會被視為不恰當。

在上述研究中所檢視的四種文化，在許多重要的心理學向度上有所不同，但社會影響研究人員特別關注其中一個向度，也就是，所謂的個人主義和集體主義，會如何影響說服過程。簡而言之，個人主義是將個人權利及偏好放在團體之前，而集體主義則是將群體的偏好及權利擺在個人之前。儘管這樣的分類有點太過簡化，但我們可以說，個人主義的文化是比較強調「我」，而集體主義的則比較強調「我們」。美國、英國及其他西歐國家的人比較偏向個人主義；而世界上其他地方，包括目前在國際企業業務中急速成長的亞洲、南美、非洲及東歐等，比較傾向於集體主義。

研究學者韓尚弼（Sang-Pil Han）及薛薇特（Sharon Shavitt）設計實驗來檢視不同

的文化起源在行銷背景下的說服效果。他們認為，在集體主義的環境下，讓消費者聚焦在「商品對其群體成員（例如：朋友、家人或同事）的利益」將會比強調商品對一己有利要更有說服力。他們也認為，這樣的傾向在與他人分享的商品上會更顯著，例如：冷氣機或牙膏。

這兩位學者首先檢視支持其想法的證據。他們選了兩本美國雜誌及兩本南韓雜誌，確認這些雜誌符合兩國的國情和通俗流行。接著他們由其中隨機選取廣告，並請經過訓練的當地人及雙語實驗者評估這些廣告，並將利益焦點放在自己身上及放在群體身上的程度。研究人員發現，在與他人分享這一類的商品上，美國廣告比南韓廣告更強調商品對個人的利益。美國廣告傾向於訴求讀者的個人性（例如：「與眾不同的藝術」）、自我改善的動機（例如：「你，只會更好」）以及個人目標（例如：「新的面貌，幫助自己做好準備迎向新角色」）；而南韓廣告則主要訴求讀者對於群體的責任（例如：「提供你的家庭更多歡愉氣氛」）、強化群體的動機（例如：「我們共有的幸福夢想」），以及對於群體意見的考慮（例如：「我的家人認同我對家具的選擇」)。

研究人員確認在不同文化起源的社會中，廣告中會以不同的消費動機來設計說服訊息。接下來，他們想要尋找心理學上更重要的一個答案：集體主義導向及個人主義導向的訊息在各自的文化中真的比較有效嗎？畢竟，如同我們在前言中所提到的，行銷人員認為某種類型的訊息比較有效，不代表事實就是如此。

為了回答這個問題，韓尚弼及薛薇特為多種不同的商品創造兩種版本的廣告，一種是個人主義導向，另外一種則偏向集體主義。比方說，口香糖的個人主義版本廣告是這樣的：「給自己一個口氣清新的全新體驗」。請注意，這一訊息將「口氣清新」的利益鎖定在消費者個人身上；但我們大家都有經驗，口氣清新與否並不是牽涉個人的問題而已，也會影響到周遭的人。因此，較偏集體主義版本的廣告是這樣的：「與大家一同分享口氣清新的全新體驗。」(當然，給美國參與者的廣告是以英文寫的；給南韓參與者的廣告則是以韓文呈現。)

研究結果發現，南韓參與者比較容易被集體主義導向的廣告所說服(「與大家一同分享口氣清新的全新體驗。」一）；而美國參與者比較容易被個人主義的廣告說服（「給自己一個口氣清新的全新體驗」）。此外，上述說服效果在與他人分享的商品上更為顯著，這一點發現也跟之前的結果一致。看到這樣的結果，那些打算以同一版本的行銷廣告走遍全天下的行銷人員，應該要停下腳步思索一下了。廣告應該要為不同國家的消費者量身訂作，以符合該社會的文化傾向，這可能是整個國家所仰賴的泉源。

韓尚弼及薛薇特的研究顯示，個人主義文化之下的人們比較看重自己的經驗；而處於集體主義文化的人則較在乎周遭他人的經驗。這些文化差異會如何影響人們對社會影響力基本原則的相對看重程度？

要展現個人主義文化裡的消費者傾向，最好的例子莫過於個人主義程度最高的國家——美國；加上個人化程度最高的運動——高爾夫球。多年前，美國傳奇高爾夫選手傑克．尼可拉斯（Jack Nicklaus）經歷小孫子的死亡；幾天後，尼可拉斯在一訪談中清楚表示，他參加高爾夫球界最有聲望的賽事之一「Masters」的機會是微乎其微。不過，出乎大家意料之外，他也同時宣布會在不久的將來參加其他兩個高爾夫球比賽。

是什麼強而有力的因素說服了一個悲傷的祖父，在受到這樣的悲劇後還繼續參加比賽呢？

結果，原來是尼可拉斯在孫子過世前，就已經答應要參加這些比賽，如同高爾夫選手所說的：「做了承諾，就一定要做到。」如前文所述，「與自己承諾的行為一致」這種動機會對人的行為造成極大的影響。但這種動機在不同的文化下是否都具有相同的威力？在其他條件相同之下，來自不同文化背景的高爾夫球選手如果遇到相同的狀況，是否會遵守自己之前的行動及承諾？

為了清楚瞭解這個問題的答案，讓我們思考一個例子，這是本書作者之一與席爾斯（Stephen Sills）及領導研究學者沛卓瓦（Petia Petrova）所進行的一項實驗。在這項研究中，在美國成長的學生與來自亞洲的國際學生會收到一封電子郵件，要求他們完成一份線上調查。在第一次要求寄出的一個月之後，這些人會收到另一封電子郵件，要求他們參加與第一次專案有關的另一項線上調查，並告知第二項調查的長度比之前的那一項要多一倍。

在這項研究中，我們發現什麼？首先，在面對最開始的要求時，美國學生答應的比例比亞洲學生稍微少一點點。不過，在完成最初要求的學生中，美國學生同意第二項要求的比率高於亞洲學生（二三％比一〇％）。換句話說，我們發現「同意第一項要求」在對於美國學生「同意第二項要求」上的影響力，遠大過於亞洲學生。

為何如此呢？或許另一個研究可以提供一些線索。作者之一與其他幾位同事進行另外一項研究發現，當我們要求美國學生無償參與某項行銷研究時，他們比較容易被「自己」過去答應類似要求的歷史記錄，也就是他們之前的承諾所影響，程度勝過於「同儕」的歷史記錄。但在波蘭這個較具集體主義的國家，情況恰好相反。在該國，學生的「同儕」團體過去所做的行為，會比此人「自己」的過去行為更容易影響現在的決策。

這些差異主要是因為個人主義及集體主義的文化差異。來自個人主義文化的人們比較重視自己的個人經驗，因此「與自己之前經驗的一致性」對他們來說，通常是更有力的動機。而集體主義文化之下的人比較重視自己周圍他人的經驗，因此「他人經驗」就成了較有影響力的動機因子。這表示，當你要請英國、美國或加拿大人幫忙時，最好能指出這跟他之前所做的事情是一致的，如此成功的機會比較大。但如果是要請來自集體主義文化的人幫忙，最好能指出這項任務符合同儕團體之前的作為，比較容易說服成功。

我們舉個明確的例子說明。假設你的公司與東歐某公司順利進行生意兩年了。過去你常要求東歐夥伴幫你忙，提供最新的行銷資訊。你的主要聯繫窗口史拉維克與他的同事總是費盡心力來幫助你。現在，假設你又需要一些最新情報，你在電話會議中做了這樣的要求：「史拉維克，你過去幫了我們很多，現在我希望你這次能夠再幫我們，提供最新情報給我們。」如此可能會犯了錯誤。上述研究的結果顯示，以下面這種方式提出要求的成功機會更高：「史拉維克，你跟你的同事過去幫了我們很多忙，現在我希望你能再一次協助我們蒐集最新的情報。」對於英國、西歐或北美洲人來說，這是很容易犯的錯誤，因為這些人會假設每個人都會依照個人的一致性來做事（根據自己之前的作為來決定現在該做什麼）。但是，如同上述研究所示，在許多集體主義的國家裡，與個人之前行為的一致性比不上「社會證明」原則（根據群體之前的作為來決定接下來應該有何舉動）。

集體主義及個人主義文化的人對溝通的兩個主要功能也有不同的看重程度。簡而言之，溝通的一個功能是資訊：當我們溝通時，我們將資訊傳遞給其他人。第二個，也是較不明顯的功能則是關係：當我們溝通時，我們與他人建立並維持關係。這兩個功能對所有文化中的人都顯著重要，但研究學者宮本（Yuri Miyamoto）與舒瓦茲（Norbert Schwarz）認為，個人主義的文化較為強調溝通的「資訊面」；而集體主義的文化較為強調溝通的「關係面」。

這些文化的差異在各種溝通相關議題上都有其意涵，而宮本及舒瓦茲特別鎖定了其中一個角度：電話答錄機留言。研究學者懷疑，來自日本的人傾向於集體主義，因此會較為關注與他人形成及維繫關係，可能會覺得較難在電話答錄機上做出複雜的要求。如果日本人比美國人更在乎溝通對他們與訊息接收者的關係有何影響，那麼傳遞一個無法察覺接收者觀感的訊息，會讓他們在心理上更為疲勞。為了測試這一點，宮本及舒瓦茲請美國及日本參與者，使用母語在電話答錄機上留下一個需要協助的詳細留言。美國人會直接了當地切入留言資訊本身；而日本人則會花較久的時間留言，並且更在乎這通留言會對他與接收者的關係產生什麼樣的影響。

研究學者也調查了日本及美國參與者的電話答錄機留言經驗。當電話接到答錄機時，有一半的美國人會掛電話，而日本人會掛電話的比例高達八五％。此一狀況前一研究結果的解釋一致：當問及他們最不喜歡電話答錄機哪個部份，日本受訪者回答「關係性」理由（例如：電話答錄機聽起來不夠個人化）的比例高過於美國人；而美國人的原因較偏向「資訊性」的理由（有時候人們不會檢查電話答錄機是否有留言）。

這些發現對於影響力有何意涵？如同我們在前一節所述，「關係」是說服過程的關鍵元素，這一點用在集體主義文化的人身上尤其真實。當我們留言時，很容易（尤其是來自個人主義國家的人）將焦點放在有效率地傳遞資訊本身，而忽略了與訊息接收者的關係。上述研究結果顯示，當你與來自集體主義文化的人打交道時，要特別注意到關係，尤其要注意你真正分享的特質。

上述原則也適用在日常的對話中。事實上，根據之前的研究結果（這些研究顯示，日本人比美國人更會在對話中提供回饋，例如：「我懂了」、「是的」等），宮本及舒瓦茲分析，日本人可能會覺得，跟美國人講話就好像對著答錄機講話一樣。這個想法跟另外一項研究相符：在該研究中發現，日本的參與者說明他們不喜歡電話答錄機的原因時，比較可能說出「因為對方沒有回應」這樣的理由。根據發現，我們可以知道，在與集體主義文化的人互動時，應該在對話中提供類似這樣的回應，讓他們知道我們關注於彼此共享的關係上，同時也注意著他們嘗試要傳遞的資訊本身。

這些結果也可以當作一種警告，「讓電話轉入答錄機」可能是一種不安全的決定，尤其當打電話的人是來自集體主義國家時。如果你認為，最壞的可能不過是與對方陷入電話捉迷藏的遊戲而已，那麼你可能很快會發現，只剩下你一人在唱獨角戲啦！

後記
有道德的影響力

在整本書裡，我們描述了各種社會影響策略，作為你說服力工具箱裡的實用工具。它們的確應該被當作一種具有建設性的「工具」，協助與他人建立真誠的關係、強調出訊息（或做法、商品）中的真正優點，最終產生對所有人都最有利的結果。不過，當這些工具被放在不道德的用途上，變成武器時，例如說，不老實或刻意運用社會影響的原則到原本不存在的狀況中，可能在短期會有利可圖，但長期絕對會造成損失。將說服策略做不道德的運用，短期會發生作用（或許有人被這種具有詭計的論點給說服，或被設計購買了一個有缺陷的商品）。但最後被揭發時，將會對個人或組織的名譽造成可怕且長期的後果。

我們要避免對說服工具做不道德的運用，更要留意另外一點：在運用書中介紹的某些說服工具時，也有一些根本的危險隱藏其中。比方說，英國在二〇〇〇年春天發生嚴重的危機，全國的企業處於絕境、學校荒廢、商店沒有顧客上門，而公共服務部門也岌岌可危，需要變賣財產。這個危機的發生原因是什麼？沒有石油。事實上，這句話只有部份正確。其實石油還有很多，但加油站無法供給，因為許多煉油廠被抗議油錢高漲的人士給包圍了。

這樣的短缺很快就產生影響。成千上萬的開車族在加油站外大排長龍，等著加油。當石油短缺的情況越來越嚴重，駕駛們的行為也開始改變了。地方及全國的報紙、廣播電台及電視頻道頻頻報導各式各樣的故事，描述車主如何加入排隊填滿油箱，或是開幾哩路去另一個加油站排隊填滿油箱等。另外還有駕駛把車停在加油站外面，索性待在車裡過夜，只希望能在明天加到油。這就是「稀有性」的威力發生了作用。

根據報導，在危機的最高峰，有個加油站老闆得到了搶手的石油供給。事實上，他是方圓數哩唯一有石油的，消息很快就傳開了。這位精明的老闆看到外面大排長龍的隊伍，知道自己處於極為有利的地位，因而做了不令人意外的舉動：他善用這項有利的局勢，提高石油的價格。但他不是提高一點點，而是提高十倍以上，即每公升索價六英鎊以上。

這些不滿但對石油飢渴的駕駛，能否集體拒絕這種敲詐式的高價嗎？想必是很難。儘管他們很憤怒，但還是乖乖地跟著人潮排隊，盡可能得到最多的石油。在幾個小時之內，石油就通通賣光了，而加油站老闆在短短幾天之內，賺到了過去要花上兩個禮拜才能賺得的利潤。

兩週之後，石油危機解除了，那麼這家加油站的生意如何呢？只有一個「慘」字可以形容。他利用石油的稀有性，強迫絕望的駕駛付出荒謬的高價，的確在短期內獲利，長期卻遭致慘敗。人們完全抵制他的加油站，有些人更進一步大肆宣揚，告知所有的親朋好友鄰居，讓大家知道這位老闆的惡行。他的生意一落千丈，幾乎所有顧客都跑光了，在很短的時間內被迫關門。這跟許多研究結果一致：做出不可靠的行為是無法取得大眾信任的。

如果這位老闆稍微檢視一下他的說服工具箱，思考如何運用「社會影響力」工具，他可能會發現自己有更好的選擇，可以在長期獲得更大的利潤。比方說，他可以將石油保留給最主要的當地顧客或常客，強調他對於顧客忠誠的重視與回報。或者，他可以置放一個標誌，說明自己不會在危機時刻敲詐車主，如此雖然違背自己的利益（至少是短期的利益），但會讓車主對他產生好感，認為他是慷慨而值得信賴的，這在未來將會有豐厚的回報。即使他沒有做任何事情，只是將價格維持在合理水準，顧客應該都會很樂意在店裡購買其他東西，因為他們會感激這位老闆沒有趁火打劫。

不過，就某種程度來說，加油站老闆的行為是可以理解的。我們想要影響的人們常會被迫要因應世界的快速腳步而迅速做出決定；同樣地，當我們在扮演說服者的角色時也是一樣。第一個浮現於腦海的影響策略通常都不是最有道德的。但如果多花一點心力思考你手上所有可行的方案，一定可以找出真誠、誠實且持久的方式，讓人們認同你的觀點、商品或做法。此外，身為道德的說服者，我們心裡也清楚知道，那些選擇運用社會影響力作為武器而非工具的人，最終將會自食惡果。

高寶書版集團
gobooks.com.tw

RI 302
就是要說服你：50個讓顧客乖乖聽話的科學方法（暢銷紀念版）
Yes! : 50 secrets from the science of persuasion
作　　者　諾亞．葛斯坦（Noah J. Goldstein）、史帝夫．馬汀（Steve J. Martin）、
　　　　　羅伯特．喬汀尼（Robert B. Cialdini）
譯　　者　林宜萱
總 編 輯　陳翠蘭
編　　輯　葉惟禎
校　　對　葉惟禎、洪春峰
排　　版　趙小芳
封面設計　邱筱婷
企　　畫　陳俞佐

發 行 人　朱凱蕾
出　　版　英屬維京群島商高寶國際有限公司台灣分公司
　　　　　Global Group Holdings, Ltd.
地　　址　台北市內湖區洲子街88號3樓
網　　址　gobooks.com.tw
電　　話　（02）27992788
電　　郵　readers@gobooks.com.tw（讀者服務部）
　　　　　pr@gobooks.com.tw（公關諮詢部）
傳　　真　出版部（02）27990909　行銷部（02）27993088
郵政劃撥　19394552
戶　　名　英屬維京群島商高寶國際有限公司台灣分公司
發　　行　希代多媒體書版股份有限公司/Printed in Taiwan
初版日期　2009年7月
二版 1 刷　2016年2月
Yes! 50 Secrets from the Science of Persuasion
First published in Great Britain in 2007 by Profile Books Ltd.

國家圖書館出版品預行編目（CIP）資料

就是要說服你：50個讓顧客乖乖聽話的科學方法 / 諾亞.葛斯坦(Noah J. Goldstein), 史帝夫.馬汀(Steve J. Martin), 羅伯特.喬汀尼(Robert B. Cialdini)著；林宜萱譯. -- 二版. -- 臺北市：高寶國際出版：希代多媒體發行，2016.02
　面；　公分.--（致富館；RI 302）
譯自：Yes! : 50 secrets from the science of persuasion
ISBN 978-986-361-251-3（平裝）
1.商務傳播　2.說服
494.2　　　　104027596